Mind Maps® for Kids

Study Skills

学习技巧训练

（英）东尼·博赞◎著　刘艳◎译

化学工业出版社
·北京·

图书在版编目（CIP）数据

思维导图（全彩少儿版）：学习技巧训练 / （英）东尼·博赞（Tony Buzan）著；刘艳译.
—北京：化学工业出版社，2018.2（2019.9重印）
思维导图（全彩少儿版）
书名原文:Mind Maps for Kids: Study Skills
ISBN 978-7-122-30905-1

Ⅰ.①思… Ⅱ.①东… ②刘… Ⅲ. ①思维方法—少儿读物 ②学习方法—少儿读物 Ⅳ.
①B804-49 ②G791-49

中国版本图书馆CIP数据核字（2017）第266833号

Mind Maps for Kids: Study Skills，1st edition by Tony Buzan
ISBN 978-0-00-717702-8

Published by arrangement with Thorsons
Authorized translation from the English language edition published by Thorsons.

本书中文简体字版由Tony Buzan授权上海慧志文化传播有限公司，由上海慧志文化传播有限公司转授权于化学工业出版社独家出版发行。

北京市版权局著作权合同登记号：01-2017-7647

责任编辑：王冬军　张丽丽　　封面设计：李　一
责任校对：宋　夏　　装帧设计：TOPTREE ctstoptree.com

出版发行：化学工业出版社（北京市东城区青年湖南街13号 邮政编码100011）
印　　装：鸿博昊天科技有限公司
787mm×1092mm　1/16　印张7 3/4　字数256千字
2019 年 9 月北京第 1 版第 9 次印刷

购书咨询：010-64518888
售后服务：010-64518899
网　　址：http://www.cip.com.cn
凡购买本书，如有缺损质量问题，本社销售中心负责调换。

定　　价：49.00 元　

写在前面的话

这本书献给全世界的所有孩子：献给他们所拥有的惊人的思维力以及无限的创造力。

特别要对在本书写作过程中提供帮助的“思维导图小作者”表示感谢：埃德蒙·特里维廉－约翰逊、亚历山大·基恩、亚历克斯·布兰迪斯、迈克尔·柯林斯，以及来自苏格兰（Berryhill School in Scotland）、美国（Willow Run School in Detroit）、新加坡（Singapore's Learning and Thinking Schools）、澳大利亚（Seabrook Primary School in Australia）的各所学校的孩子们。最后，要把感谢献给世界各地所有的思维导图小读者们！

目录

M

东尼·博赞致小读者信

你还在认为学习的要领只有“阅读、写作、运算”吗？其实还有第四个，那就是“复习”！

你的父母是不是经常为了考试成绩而对你唠叨不停？有时候老师也是如此，这样做真的让人烦透了，不是吗？

以前的我，在面对考试时总会紧张，虽然知道考试必须参加，可还是会感到害怕。因为每当需要记住很多东西的时候，我的大脑就很容易卡壳，然后变得一片空白。我以前很不喜欢记笔记，一点儿都不想记。就算我认真地做了笔记，也从来都不想去复习。而且最糟糕的是，我偏偏积攒了一大堆的功课要复习。

总的来说，当我考试不理想或提出的某些想法不够好，而周围人都以此认定我为“失败者”时，我就会变得非常讨厌复习。我会问自己这么几个问题（也请你试着问问自己）：

我花了几个小时学习——

- ★ 数学？
- ★ 语言及文学？
- ★ 科学、地理与历史？

回答：几千个小时！

但是，

我又花了几个小时学习关于——

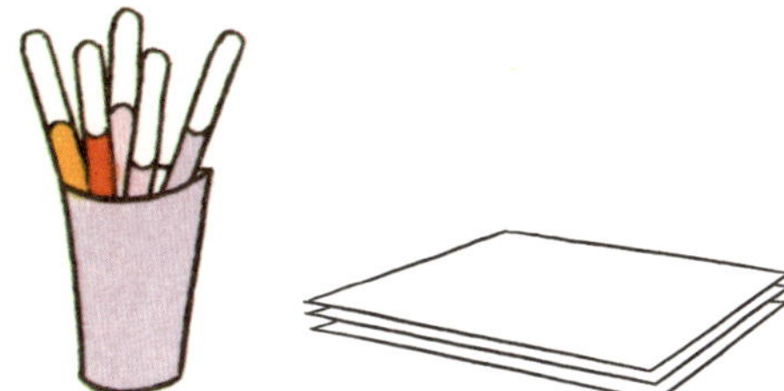

★ 记忆力？

★ 记笔记重点？

★ 我的创造力？

★ 我的脑力？

★ 在学习某件事情之后，记忆力发生了怎样的变化？

★ 复习技巧？

★ 考试技巧？

回答：零！

正因如此，我开始研究人类神奇的大脑，并且发现了大脑喜欢色彩、刺激、多样性、活力以及运动——而这些都是白纸黑字的笔记上所没有的。研究证明，大脑越对某种事物表现出兴趣，它参与处理与其相关的信息的积极性就越高，因此，就更能让信息顺畅地进入并牢牢地记住它们。而结果确实如此。

如果你像我一样不喜欢复习，那么就让我与你分享我的发明——思维导图。有了它，即使复习一千次功课也会变得很有趣，而且方法也十分简单。每个人都可以使用思维导图，只需要准备好：纸、彩笔，还有大脑！如此一来，你在学习方面就会变得更加聪明，而且毫不费力。在学习领域游刃有余，意味着你将拥有更多的自由时间，可以忘掉压力，尽情地与朋友们一起玩乐，然后取得更好的成绩！

所以，还在等什么？让我们赶快开启思维导图之旅吧！

东尼•博赞

第一章

加速复习

思维导图让你的复习变得轻松简单——

它帮助你整理归纳学科知识，通过考试并取得优异的成绩！

嗨！你是不是马上就要考试了？家里是不是已经严肃得犹如战场了？父母是不是不停地唠叨让你认真复习？

开始复习了吗？开始了？还没有？也许吧？等一下！别嘻嘻哈哈的，认真点儿！

就像大声地喊“你好——”，或许可以欺骗所有人让他们以为你已经复习了，但你自己心里非常清楚其实根本没有。现在，开始紧张了吗？复习这两个字是不是已经成为你“不能说的秘密”，让你快要崩溃？是时候调整好心态，准备学习如何加速复习了！准备复习！

复习到底是什么意思

这是一件你无法逃避且必须得做的事情。所以，那个看上去颇招人烦的词“复习”，到底是什么意思呢？其实，就如字面所指，即“再看一遍”的意思。复习，就是让你的大脑能够重新学习、重新思考，并记住所有学过的知识。

忘掉过去痛苦的复习经历吧——那些对着书山苦读的日子。让你的大脑在复习的时候边学边玩，像做游戏一样开心！这时候的大脑会非常轻松地记住所复习的东西。当你坐在考场里，你会发现能够答对所有问题，轻松拿到高分！

回想一下做白日梦的情景。你肯定有过做白日梦的经历。如果学校开设一门白日梦课的话，你一定能拿满分。但是，白日梦可不像老师们说的那样只是无所事事、两眼发直地盯着墙角浪费时间。白日梦（发散思维）其实是非常棒的大脑活动。当你运用思维导图进行复习的时候，你的大脑通过类似白日梦的发散思维方式“梦”到所有的知识，让它们萦绕在你的脑海里。这个过程能帮助你把知识牢牢储存在大脑中。

思维导图不仅协助你的大脑进行复习，而且还能帮你轻松应对考试！难以置信吧？怎么会这么简单？可这一切都是真的！跟着学，你也能做到！

本书将教会你如何记住所学的知识，如何使知识变得更有条理，如何更高效地利用大脑，以及到最后如何享用复习和考试的成果。当读完这本书的时候，你会发现自己已经在期待复习了！是的，没错！除此之外，你还会取得理想的好成绩！结果就是如此！

我知道我记得这件事

你是不是有的时候会突然记不起事情来了？比如，某部电影里的明星是谁，或者去年夏天你特别喜欢的一首歌是哪位歌手唱的？感觉就在嘴边，你确实记得这些信息，但就是没法唤醒大脑然后脱口而出……看来，我们都曾有过同样的糟糕经历。

还有一种现象会经常发生，就是当你让大脑放松下来去想几分钟别的事情时，你会突然回忆起来之前那段让你卡壳的部分。这种现象在平时经常发生，但如果发生在考场上，你的大脑突然一片空白什么也想不起来了，那可就成噩梦了，不是吗？

给大脑来点儿压力

接下来有几个问题请你思考，不是考试题目哦！

Q 当你尽最大努力一次性记住非常多的东西时，是不是觉得自己的记忆像个筛子一样满是漏洞，大脑似乎停滞了，很难再进行思考？

Q 你是不是比较难以集中注意力？当你盯着一张空白答题纸（或者是一张印得满满的卷子）的时候，大脑会不会突然像刹车了一样停止运转？

Q 你的笔记是不是读起来索然无味，每次都让你的大脑想停止运转？

Q 你是不是看到“复习”这两个字就感觉到压力？

Q 你是不是常常把复习这件事拖延到最后一刻，然后疯狂恶补？你是不是厌恶复习并且恐惧考试？

Q 考试的时候你会不会感觉异常紧张？你会不会因为希望自己可以考得更好而害怕面对考试结果？

不用担心，即使你对上述好几道甚至所有问题都回答“是的”，也没有关系。

你需要做的是启动大脑中的神奇力量，考试就自然而然变得简单了。

复习的时候，你需要做到的最重要的事之一就是增强记忆力。在一场考试中，你需要立刻想起所有的知识，因为时间不等人。那么，如何让记忆力瞬间反应呢？首先要做的是看一看记忆力是如何运作的。

你背过的东西会在大脑里待多久？几个小时、一天、一周，还是两周？接下来要告诉你一个不争的事实，在非常短的时间内——上完课后不到一天，你就会把学到的大多数知识全都忘掉。除非你做点儿什么来阻止这个遗忘的过程。

“如果缺乏有效的复习，你将会在一天之内忘掉80%所学的新事物。很恐怖吧？”

你能做什么来阻止遗忘呢？你可以运用思维导图来复习学过的东西。别忘了，复习就是“再多看一看”！如果一项知识一共复习五次的话，你就能够永远地记住它！所以，别再让你的复习笔记沉睡在书包里了。在放学回家的路上，请你花几分钟回顾一下白天学习时都记下了哪些重点，这个过程能为你节省出大量备考的复习时间。

重复五次记忆的秘方

接下来要说的就是重复五次来记忆知识的秘方。第一次，应该在你刚学到一样东西之后的一个小时左右，例如你刚从学校回到家的时候；第二次，应该在第二天，因此第二天放学后须再看一次；第三次是一周之后；第四次是一个月之后；而第五次，也就是最后一次，则是在六个月以后。经历过这五次重复，知识就永远是你的了！那么，你要如何确保记住所学的知识呢？猜对了！绘制一幅思维导图！

右脑复习的正确方式

只用左脑说明右脑被落下了

你知道吗？大脑其实分为左右两个半球，而且左右脑的工作方式实际上是不一样的。你用左脑来思考关于文字、数字以及列表之类的内容。右脑则被你用来做一切与想象相关的事情，当你发散思维的时候，当你欣赏色彩的时候，当你打节拍的时候，你用的都是右脑。所以，当你随着音乐翩翩起舞时，你的右脑是最先动起来的。

现在请想一想，你在学校听课、做作业、复习功课的时候用哪边的大脑比较多？

答对了！当然是左脑！

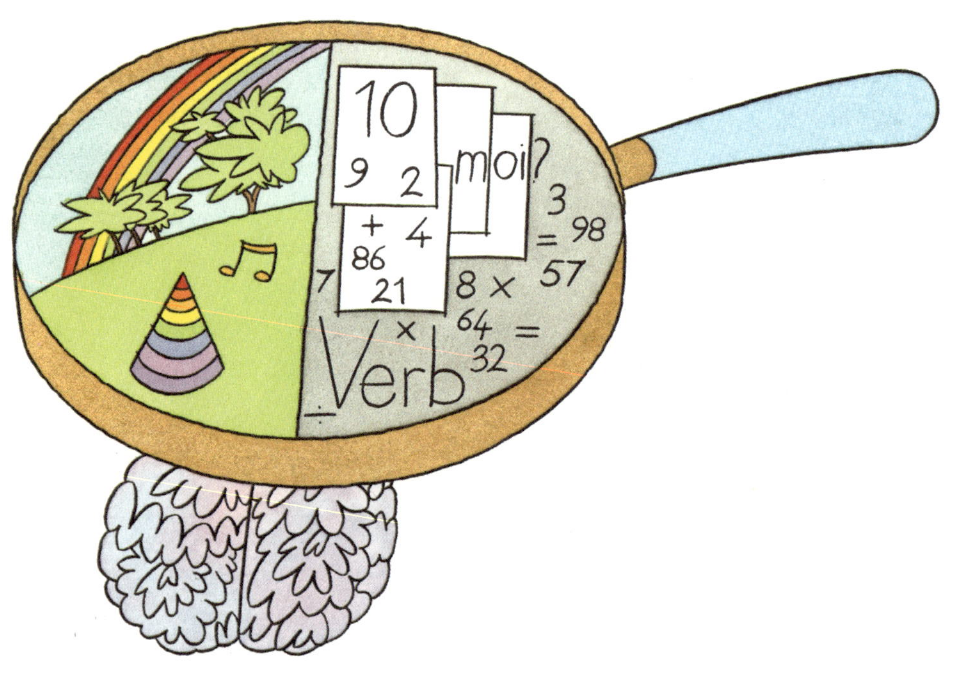

“左右脑并用”

想一想这令人震惊的事实。当你在用传统方法做作业和复习功课的时候，你实际上只使用了大脑的一半——左脑。右脑则被你闲置在一旁！这多浪费呀，因为其实你能利用右脑把作业完成得更好，右脑同样可以帮助你复习功课，帮助你在考试中得到高分！怎么样？让你的左右脑同时运作起来，通过关键词、色彩和图像的绘制，将普普通通的线性笔记变得让人眼前一亮吧！

跟你的右脑交朋友

当你回忆起你的某个朋友（可以是你最好的朋友）时，脑海中首先浮现的是什么？一个词语？一张列表？还是一个人的图像（一幅“脑图”）？我确定，一定是图像！所以，记住朋友最简单的方法就是画一幅他（她）的肖像，不是吗？因为大脑会不由自主地运用右脑关于视觉、色彩、图像的功能来工作。

“一图胜千言”

右脑与思维导图

当你复习的时候，完全可以使用右脑（图像脑）。怎么用呢——通过画图与运用色彩的方式。你的大脑能非常轻松地记住图像和色彩，然后通过关联也同样能记住相应的知识和想法。那么如何才能达成这种关联呢？当然是使用思维导图！可是，思维导图到底是什么？

思维导图是一种特别适合大脑运作的图表，它帮助你思考、想象、记忆事物、制订计划并归纳信息，简而言之，思维导图是帮助你复习功课的绝佳工具。

是不是听起来有点儿复杂？其实一点儿也不复杂。思维导图绘制起来非常容易，你只需要准备一些彩笔，一张白纸，以及……你的大脑！现在，我们开始试着绘制一幅关于你所有的好朋友以及他们喜欢做的事情的思维导图吧！请你参考第 10 ～ 11 页有关梅尔的朋友们的思维导图，看看都有哪些元素可以放入你的思维导图中。

- ★ 拿出一张白纸，把它横过来放；
- ★ 在纸的中央画一个代表你自己的图像或标志；
- ★ 然后为你的每一个朋友画一条从中心图像延伸出来的大纲主干，在线的上方写上好朋友的名字；
- ★ 接下来在线的末端画一幅朋友的画像；
- ★ 以每个朋友的线条作为大纲主干，在其末端延伸出一些细小的分支，每一个小分支代表着一件他们喜欢做的事；
- ★ 为每一件他们喜欢做的事画一幅与之相关的小插图。

即使你觉得有一些朋友的爱好无法画出来，也不要轻言放弃，因为其实你能做到！每个孩子都有绘画的天赋，包括你！思维导图能帮助你尽情释放艺术天赋！

现在，你已经在一张纸上画出了你所有的好朋友以及他们喜欢做的所有事情。你能用它来做些什么吗？对了，记住每个人的生日！再也不用担心忘记在朋友生日时送上祝福了。而且，当你想要为他们挑选生日礼物时，你的思维导图也会告诉你他们都对什么感兴趣。

登山
10月10日
足球
理查德
电脑
11月20日
梅琳娜
滑旱冰
阅读

“我的朋友”思维导图

如果你找到了窍门，就请告诉你的朋友们，让他们也加入到使用思维导图的阵营中来吧！

让复习有趣不枯燥

有些人说，不管使用什么样的方式，复习都是一样的枯燥无聊。的确，有的时候确实是这样。

但也有例外。想一想，大多数枯燥的复习都是源于我们只用单一的方法强迫神奇、强大、富有创造力的大脑进行被动学习。阅读一行行密密麻麻的知识点或是背诵白纸黑字的课文都让人感觉索然无味，这是因为没有吸引人眼球的图片或者鲜艳的色彩来激发大脑的想象力。我们的大脑拒绝接受信息，然后开始放空，等待着更加吸引它、更加有趣的东西的到来。这就是大脑罢工（拒绝背诵或复习）时的真实写照，它真正想要的是色彩和刺激！这也就是为什么思维导图能帮助大脑集中注意力，让我们发挥出与众不同的能力去记住事情的原因。

思维导图是如何做到这一点的呢?

因为思维导图使用色彩以及图像，这同时调动了我们的左右脑，让我们更容易思考、计划、整理、记忆以及掌控生活。现在，就让我们来试一试是不是真的是这样。

重复是学习之母。

——狄慈根，德国哲学家

请阅读下面关于伦敦大火的报道：

伦敦大火

1666年9月2日，伦敦普丁巷的国王面包店发生了一场火灾。

火势迅速蔓延，但是可怜的人们在他们的房屋中待到最后一刻才开始逃离。

很多人跳进泰晤士河，然后把他们的财物也扔进河里。

人们试着通过拆除路旁的房屋来阻止火势进一步蔓延，但是最终真正让大火停下来的是许多船员用火药将房子炸毁从而制造出的分隔带，分隔带阻止了火势蔓延。这场大火共烧毁了84座教堂，包括古老的圣保罗大教堂。许多精美的建筑以及数百栋连排木质房屋被烧为灰烬，因为它们彼此挨得非常紧密。这场大火还损毁了50条巷子以及狭窄的街道，与此同时，也将城内的瘟疫一扫而光。

（灾区记者威尔·潘福尔德的报道，转载自《每日新闻》）

脑力测试

请不要核对上一页的文章，试着回答以下问题：

1. 火灾是什么时候发生的？

2. 大火是从哪儿开始的？

3. 人们采取了什么措施来阻止火势蔓延？

4. 有多少座教堂被烧毁？

5. 哪一座大教堂被烧毁了？

6. 什么原因造成火势蔓延？

7. 这场火灾唯一的好结果是什么？

答案：

1. 1666 年 9 月 2 日。

2. 在普丁巷的国王面包店里。

3. 通过炸毁房子制造巨大的分隔带来阻止火势蔓延。

4. 84 座。

5. 圣保罗大教堂。

6. 房子都是木质的，并且建得非常密集。

7. 将瘟疫一扫而光。

你能只读一遍就答对所有的问题吗？不一定！除非你非常认真仔细地阅读了这篇文章，同时还要有绝佳的记忆力。

如果再读一遍，然后试着去记住所有重要的信息，你觉得需要多长时间？10 分钟？1 个小时？2 个小时？明天？下个礼拜？直到永远？

可能你需要半天或者一天的时间来记住这些信息，这确实不是一个轻松的过程。除非你一直盯着看，一直看到大脑再也受不了一行一行密密麻麻的文字。要知道，你的大脑非常活泼，需要点儿有趣的元素来刺激它！它渴望在白纸黑字上出现色彩和图像，继而把这些令人激动的事实深深地印刻在脑海里——这些，恰恰是学校的教科书不能做到的部分。有趣的元素能激起你的兴趣让你记得更牢，同样，给大脑提供一些颜色和图像也会让它记住更大量的信息。记住，一图胜千言。

为什么蚕宝宝很有钱？

因为它能结茧（节俭）。

思维导图描绘热门话题

如何才能把伦敦大火报道中重要的信息提取出来，让它们变得更容易记忆呢?

1. 首先，你需要找几支彩笔以及一张空白的纸，纸张要横过来放。

2. 然后，你可以在纸张中央画出一团火焰并写上“伦敦大火”，代表中心主题。

3. 现在，你需要选择四件与伦敦大火有关的事情，然后画四条从中心图像延伸出来的大纲主干，每一条主干用不同颜色的笔绘制，分别代表四件事情。

4. 如果有些小想法从脑海里蹦出来，你可以在主干上画出细小分支增添想法，明白了吗?

不久，你就能把你所能记住的有关伦敦大火的一切信息和想法都画在一张纸上了。怎么样，简单吧?

你在自己的这幅思维导图里都画出了哪些想法呢? 其实思维导图有很多种画法。如果你画的和书中展示的例子不太一样，也不必担心。因为这只是其中的一种画法而已。当你看到下一页的思维导图示例时，你会看到上面有许多关于不同想法的小插图。再次强调的是，这些小插图会让你的大脑感觉更加有趣，从而帮助你有效地记住相应信息。如果你还没有尝试过在思维导图上画图，那么现在就开始吧！不要太在意画得有多好或者有多像，只要让它们尽可能的生动、多彩即可。最重要的是，让这些小插图提醒你记住与伦敦大火相关的某个特别时刻，让大脑想象这些内容分支所呈现的事物和场景，让想象力尽情飞舞！

现在，好好看一下你刚刚完成的思维导图，然后试着去记住每条信息的内容，以及每个分支是什么颜色。这能帮助你更好地回忆起所有的信息——这对考试来说非常有帮助，因为你的大脑喜欢通过特定的色彩和图像来回忆内容，这样记忆就变得容易多了。

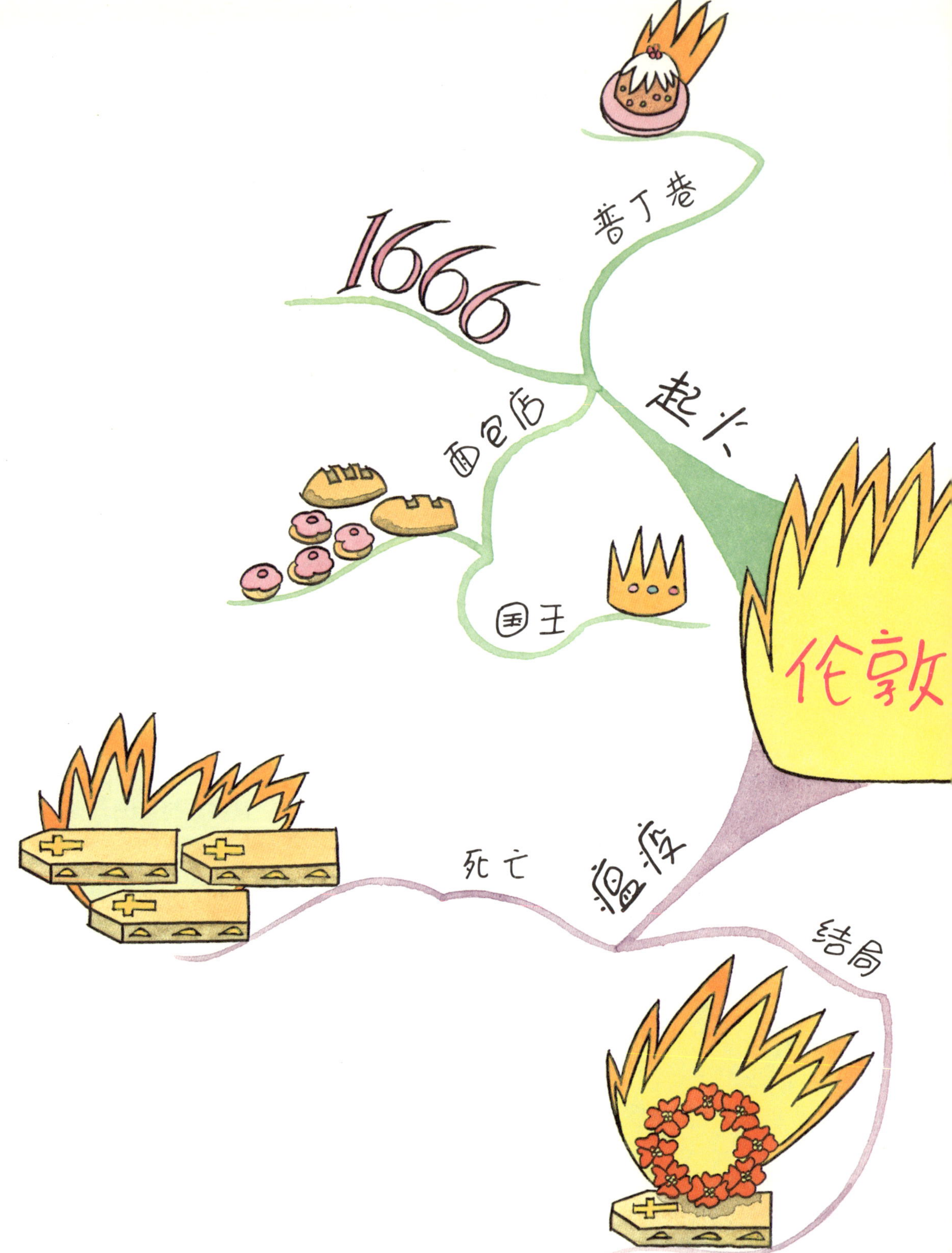
普丁巷
1666
起火
面包店
国王
伦敦
瘟疫
死亡
结局

火

建筑物

大楼

圣保罗大教堂

教堂

84座

房屋

木质

小巷

拥挤

“伦敦大火”思维导图

第二章

学会运用思维导图

请你继续阅读下去，你会发现更多关于制作很棒的思维导图的方法。

在这一章里，我会提供给你非常多的实用技巧来帮助你绘制一幅精美的思维导图，从而让你能利用思维导图复习不同的科目（不单单是伦敦大火）！

但也不要认为思维导图只能用来辅助复习。你还可以用它来做各种各样的事。比如，考完试之后用它来筹划一场和朋友们的庆祝派对！（见114～116页）

请不要翻回第一章，你现在能回忆起多少关于伦敦大火的事情？非常多！那又是什么帮助你回忆起这么多的内容呢？没错！是你选择的颜色以及你在思维导图上画的图像！你的大脑喜欢这些非常酷的东西！

乌鸦：“为什么你老是摔跤？”

狐狸：“因为我狡猾（脚滑）呀！”

7 步，教你绘制思维导图

让我们再仔细看一看你所绘制的思维导图。它们其实超级简单：

“家”思维导图

1. 拿一张白纸。不带有任何的线条——线条会阻碍思绪的流动。把纸张横过来放，从中间开始发散性思考，让你的大脑多维度地发挥想象力，从而使你能更加顺畅自如地表达想法。

2. 找几支色彩鲜艳的画笔，挑出你最喜欢的颜色。

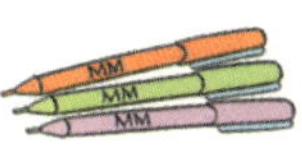

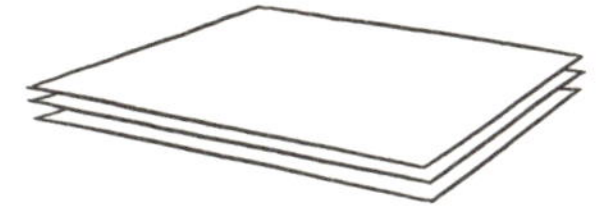

3. 思考一下你的思维导图主题是什么，然后在白纸的中央用一个图像将它画出来，并在图像上用比较大的字写下主题的名称。这就是你的“中心思想”或“主题”。把主题画在白纸中央能让你的注意力更加集中，聚焦主题的同时给你更多的纸张空间来拓展思维内容。

4. 选择一种颜色，然后从中心图像延伸出一条大纲主干，这条大纲主干代表你认为与主题有关的第一个想法。将这条大纲主干画成由粗到细的样子，并写上代表相应想法的关键词，请全部用较大的字填充大纲主干。对于其他的想法也用同样的方法写出来，每个想法用不同的颜色表达。

5. 现在，让你的大脑思考更多的内容分支。从大纲主干上画出更细的分支，然后在每个分支的末端画一幅小插图。在分支上用较小的字呈现想法。图像会帮助大脑记住信息并且变得更加专注，同时也会给你更多的自由空间和灵活性。（确保主干和分支确确实实连接起来，当在纸上连接的那一瞬间，它们之间的关联就会在大脑里形成——这更加有助于你理解和回忆。）

6. 如果你有更多的想法要添加，可以从这些已有的主干上延伸出更多的分支，随之增加关键词和关键图像。

7. 现在，你已经把所有需要记住的信息画在了一张白纸上，图像和色彩能够帮助你的大脑进行记忆。

这是让思维导图的信息组织化、层级化的方法，请你根据以下的步骤记忆并掌握：

★ 将中心思想、主题或图像放在白纸中央；

★ 将几个主要想法或主题放在大纲主干上；

★ 将次级想法或主题画在二级分支上；

★ 将更次级的想法或主题画在三级分支上。

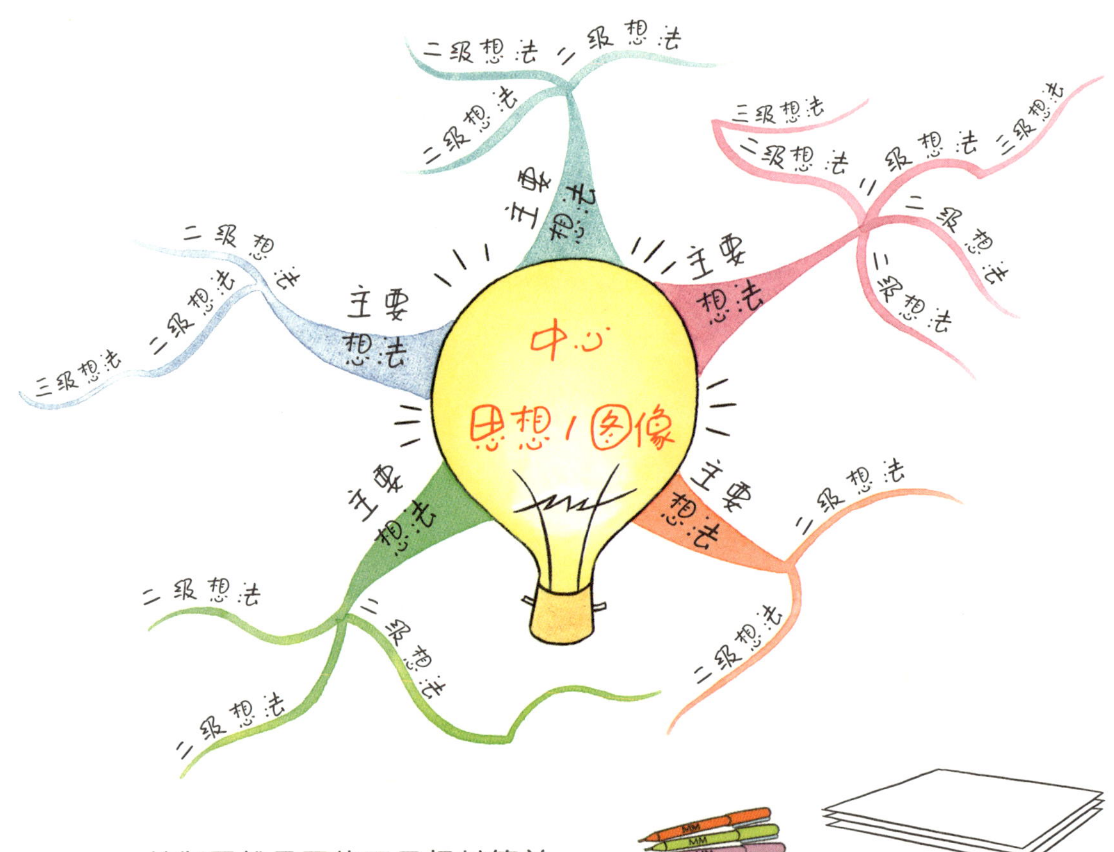

绘制思维导图的工具极其简单。在任何场合，任何你需要记笔记或者复习的时候，都可以随时使用它们。你的工具是：一张白纸、几支彩笔以及你的大脑！

把你的思维导图挂在墙上。将它展示出来能够让你（你的父母也一样）更加确信自己在做大量的复习。运用尽可能多的颜色和图像，这些都能帮助大脑回忆知识。

问题组合——思维导图的手绘检查表

这里有一张特别的手绘检查表，它能帮助你轻松绘制出思维导图。当你在发挥想象力的时候，例如写故事或归纳信息时，这张检查表会非常有用。不论何时，不论是记笔记还是写故事，你都可以用检查表中的问题组合来指导你的思维导图。这些问题是：何事？何地？何时？谁？为什么？结果！（顺序可调整）

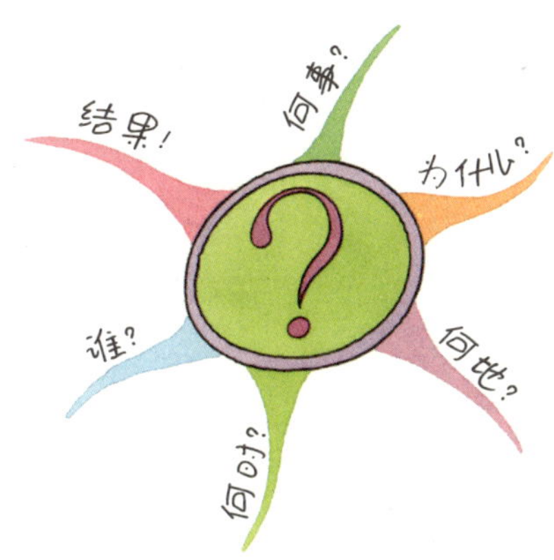

现在请你根据手绘检查表，尝试绘制出导图的框架。

例如：你将要写一篇主题为“你的爱好”的小短文。让我们看看思维导图是怎样帮助你整理信息的。

1. 首先，请为你的爱好画一幅彩色的图像；
2. 然后，利用检查表。请你为第一个问题画一条由粗到细的大纲主干，代表“何事”，在画的时候，请思考自己的爱好，并为它涂色；
3. 画出“何地”的主干；
4. 画出“何时”的主干；
5. 画出“谁”的主干；
6. 画出“为什么”的主干；
7. 最后，画出“结果”的主干；
8. 添加内容分支，补充细节内容，并用关键词一一写下来（一线一词）；
9. 画一些小插图加以说明。

下一页的思维导图是关于男孩马特的爱好——滑板运动。就思维导图而言，只有不同没有对错——因为每个人都是不同的。

思维导图（全彩少儿版）：学习技巧训练

“我的爱好”思维导图

当你完成思维导图之后，试着以思维导图作为指导把整篇文章写出来。现在写起来是不是轻松多了？请注意，将“何事？何地？何时？谁？为什么？结果！”作为这篇文章的基础架构。

把复习笔记画出来

我要再次提醒你的是，完全没必要担心自己画得不够好。你喜欢涂鸦吗？大多数人都喜欢！涂鸦的过程并不是浪费时间，而是一个手握彩笔做发散思考的行为。这个过程可以帮助你集中注意力，发挥想象力同时增强记忆力。在彩笔的帮助下，你真的能画得很不错！拿出一张纸，然后试着画出你右脑中发散出的各种想法。这会让你对画画这件事儿充满信心。

你越能大胆地运用色彩，你在画的过程中就越能得到更多乐趣，你就越能记住东西！丰富的色彩让大脑更轻松地找到方法记住知识并整理思路。因此，思维导图本身就是个超级涂鸦！这么想就对了。

通往成功的思维导图

其实你可以发现，思维导图在引导大脑发散思维的时候非常有用，因为它能帮助你记住事情并且计划如何写出文章。那思维导图如何帮助你复习并且通过重要的考试呢？第一步，你将会运用思维导图轻易地记住东西；第二步，你可以利用思维导图快速地回答考试题目！你不再会盯着一张空白考卷等着答案从天而降了！关于如何运用思维导图应对考试，我会在本书第六章告诉你。

现在，你已经学会了如何绘制思维导图，是时候整理一下你刚刚学到的东西了。因为，复习对于学习来说真的非常重要！

人们在什么时候说话最少？

二月。

为什么？

因为二月是一年中最短的月份。

第一次提醒

“复习五次等于长久记忆”

第三章

给大脑的信息分门别类

如果复习状态很好，你会发觉，和初次学习时相比，自己获得了更多的知识。这是怎么做到的呢？因为大脑有一个神奇的能力——将许许多多相关的事物联系在一起。

有些人拥有绝佳的组织能力，就像他们的卧室总是整理得井然有序。然而除此之外，我们大多数人的房间经常是凌乱不堪的。但无论你属于哪一类人，都必须要先有一个良好的学习环境才能更好地复习。你知道自己的大脑喜欢怎样的环境吗？你能做些什么来让复习变得更高效吗？

大脑喜欢的学习环境

这是东尼·博赞先生给你的复习小贴士，让你知道大脑最喜欢怎样的复习（学习）环境：

- ★ 视线很好的空间（让大脑之“眼”知道你在做什么）；
- ★ 一张书桌、餐桌或工作台（足够宽敞且施展得开的空间）；
- ★ 一把舒适的椅子（但是不能打瞌睡）；
- ★ 钢笔、铅笔以及彩笔（用来绘制思维导图）；
- ★ 书、文件以及白纸（为了刺激大脑）；
- ★ 给你的思维导图准备一块钉板（所有的东西都将一览无余）；
- ★ 其他重要的信息和小物件（海报、证书、吉祥物等）。

警告！警告！分心警示！

小心你的背后！那里有四个诱人的怪物正等着你，每一个怪物都企图阻止你完成复习。它们是电视机、游戏机、电脑和手机。它们不断向你召唤并引诱你：“嘿，过来看我！”“快来和我玩！”“快来摁我的按钮！”“快来和我说说话！”

你可以把这些诱惑当作是你在完成一阶段复习后的奖励，但千万不能因为它们而让你的学习分心。如果你需要借助电脑强大的搜索功能来绘制思维导图，那么要确保你只是用它来搜索信息，而不是上网玩游戏。思维导图这种全新的学习方式能帮你节省大量的复习时间，不久之后，你就能毫无顾忌地投入娱乐活动的怀抱了，真是一举两得！

准备工作就绪

你的桌子即将成为你复习的场所，因此保持桌面整洁非常重要。把任何你不需要的东西都清理掉，然后把笔记和书籍分门别类，将它们置于附近的书架上摆成一排。把彩笔还有铅笔放在一个顺手就能够得到的笔筒里，然后给其他的小物件例如 CD 和吉祥物等留一些空间。整洁的桌面会让你感觉神清气爽，如此长久坚持下去，你的复习效率也会大大提高。

制订导图复习计划

现在，你已经有了最佳的学习环境，可以开始制订复习计划了。

新学期伊始，你就可以开始准备一本导图本（也可以是一叠装订好的A4 纸），用来绘制你的思维导图复习指南。目的是提醒自己在一开始就要做好复习的计划，然后，你可以适当地奖励一下自己。这些思维导图能让你体会到复习的乐趣，并对此持之以恒。这对你来说是莫大的鼓励，你会看到自己每一天的进步，同时也大大减轻了学习过程中的压力。

有的人会在真正开始复习时陷入一种可怕的状态。他们会把复习进度一天又一天、一周又一周地拖延下去，直到在最后一刻将自己逼入绝境。真的没必要这样！

一定要坚持复习功课，并享受其中的乐趣！

在复习的过程中解惑

从新学期开始，当你静下心来开始写家庭作业的时候，要养成每天都回想一下自己今天在学校学了什么的习惯。如果你对白天学到的知识抱有疑问，可以求助同学或者父母，让他们帮助你快速地梳理一遍。不要让一知半解的知识在你的脑袋里“发霉”。

五次复习法的提醒

记住：复习五次等于长久记忆。

如果你在 6 个月内复习某个知识点达到 5 次，这个知识点就会永远扎根在你的大脑中。一旦养成了周期性的边学边复习的习惯，你会发现自己其实一直都在复习。听起来是不是有点不可思议？事实即如此：你只花了很少的时间就完成复习，而最终这成为了让你受益终身的习惯。更棒的是，当期末考试渐渐临近时，你会发现所有的功课已经全部复习完了！

五次复习＝长久记忆

第一次复习：学习或阅读后大约 1 小时；

第二次复习：1 天以后；

第三次复习：1 周以后；

第四次复习：1 个月以后；

第五次复习：6 个月以后。

一张纸搞定所有

把你需要复习的知识汇总成一幅思维导图，这能极大地帮助到你。在这个过程中，你不仅能看到整个复习计划的全貌，做出概述，还能及时了解到自己已经完成了哪些复习——这一切都能在一张纸中完成。下页所举的复习思维导图是这类概述性思维导图的示例（绘制复习思维导图的技巧见第 40 页“东尼的小贴士”）。利用好思维导图进行复习，你将成为考场上的常胜将军。

有一头公鹿，它跑着跑着，越跑越快，最后怎么样？

它变成了高速公路！

地理
人口
定居
河流
海岸
地区
环境
议题
火山
冰河
数学
数字
整数
分数
百分比
比例
小数
7/8
120%
英语
词汇
语法
作文
政治
规则
行为
民主
种族主义
权利
义务
法律
群体
压力

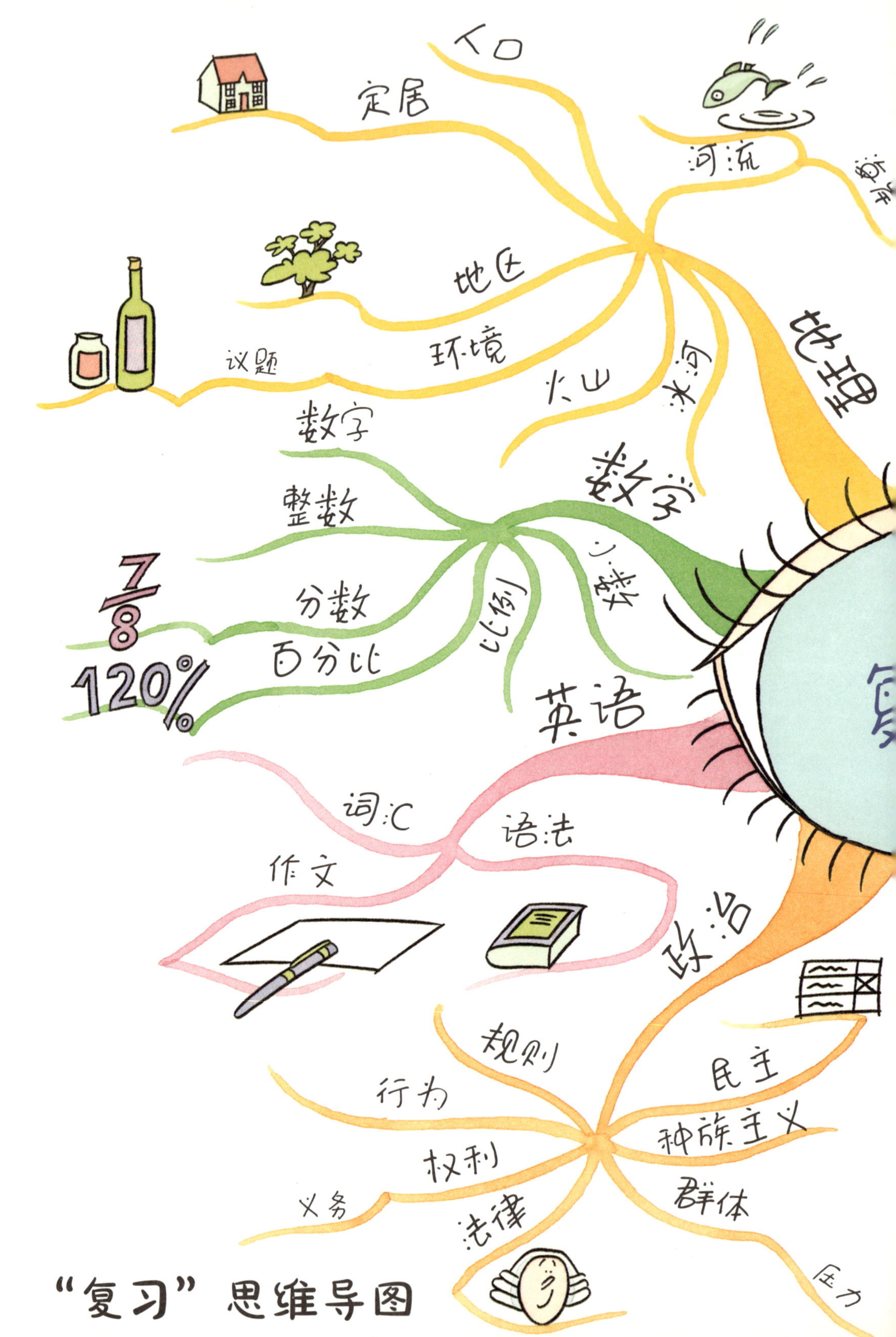

"复习"思维导图

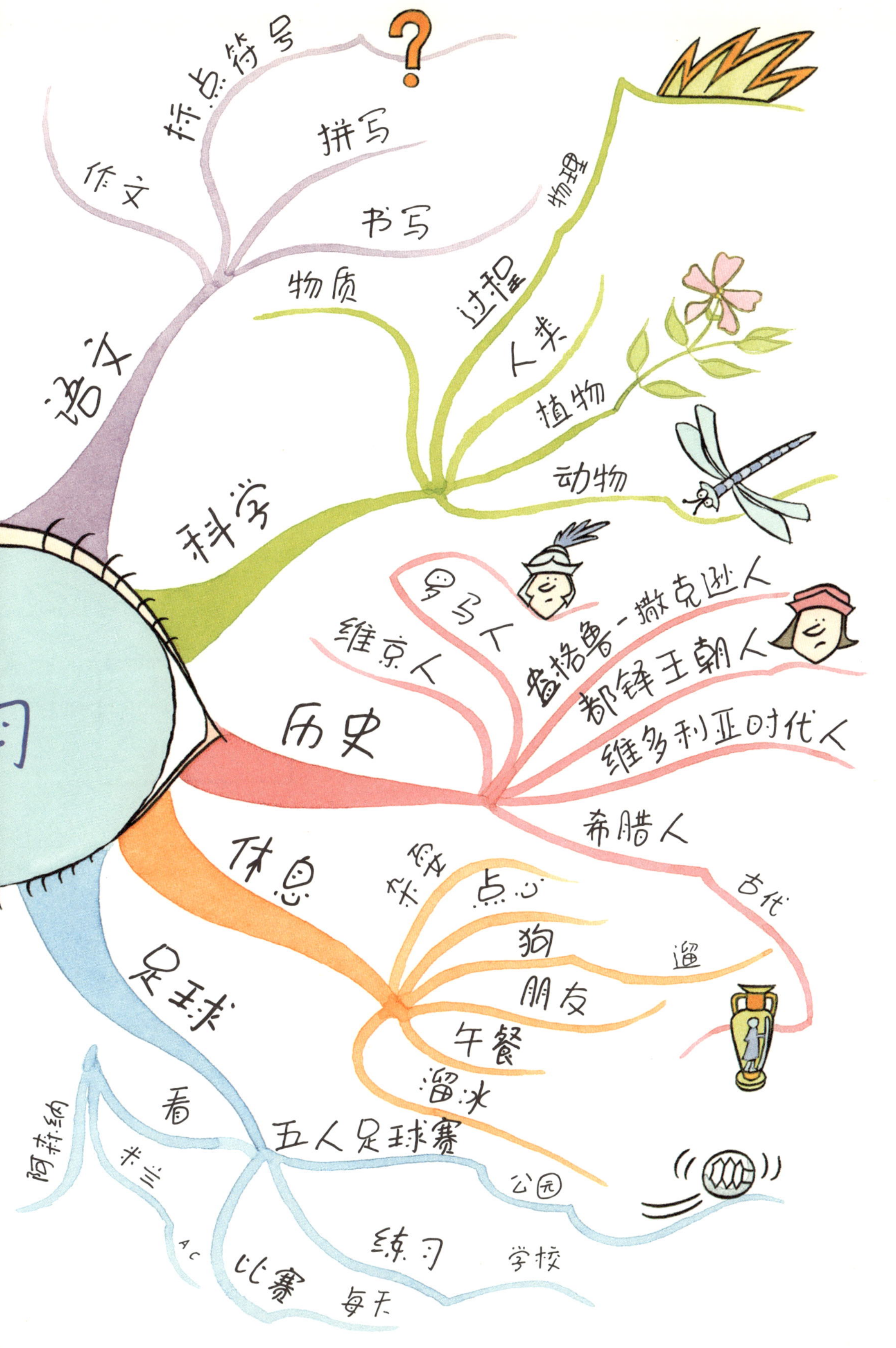

第三章
给大脑的信息分门别类

交给你来试试看

现在，来为你需要复习的内容试着绘制一幅复习大纲思维导图。准备一张纸、几支彩笔，然后：

1. 在纸张中央画一个与复习内容有关的图像，即中心图像。

2. 在思维导图的几个大纲主干上，写下你要复习的学科，每个大纲主干代表一个学科（分别用不同颜色的彩笔标注）。

3. 在几个内容分支上，写下各个学科的主要学习内容。尽量将图像语言作为重要提示。

4. 每当你复习完一门学科，就在上面打一个对勾或者做个记号来提醒自己。这意味着你能够一眼就看到自己在每门学科上到底做了多少复习。不要偷懒，不要躲开你最不喜欢的学科。当你最终搞定了那门最不喜欢的学科时，你会发现它才是拥有最多对勾和记号的，不是吗？

5. 最后，把你的复习大纲思维导图贴在墙上。

东尼的小贴士

★ 从新学期一开始就着手准备复习，即使刚开始学习内容比较少，复习可能只需要几分钟的时间。养成每天花一点时间确认自己学习进度的好习惯——检查你今天都学了些什么、做了些什么，以及到目前为止的学习表现如何。

★ 复习得越多（直到五次），知识在你的大脑中就越牢固，考试的时候这些知识就会立刻从大脑中跳出来为你所用。

★ 花更多的时间，更频繁地复习你不擅长的学科。

★ 如果有不懂的或是疑问，立即向其他人（同学、家长、老师等）寻求帮助。

★ 复习五次等于长久记忆。

做学科拓展阅读

你可能听周围人提到过“学科的拓展阅读”，却并不知道具体是怎么一回事。

拓展阅读指的是搜寻与学科相关的课外书或者资料来阅读。可供你搜寻的资源有网络、杂志、书籍以及相关的电视节目，等等。去附近的图书馆看看能找到哪些有用的书，类似于这样的方式能够帮助你拓宽知识面，从而更深入地了解别人的观点及想法，同时增强你对学科的兴趣。当一门学科逐渐变得有趣，你也开始对它感兴趣，那么你离成功就不远了。

当你做拓展阅读的时候，可以用思维导图来做笔记，这样更有助于记住所阅读的内容。做阅读笔记的方法和阅读伦敦大火报道文章时的方法类似（参见本书第 18 ～ 19 页）。阅读文本，总结主题并写在纸中央，把需要记住的重要内容写在大纲主干上，然后把次要内容写在内容分支上。这样，你就有了满满一页的从图书馆或者网上整理出的信息笔记了。请你将这张纸跟其他笔记以及你的思维导图文档装订在一起，或是与其他思维导图一起贴在墙上。

学会劳逸结合

当完成既定的复习目标之后，你可以给自己一段休息时间来适当放松。间隔休息是复习计划中的重要组成部分，因此，把休息也纳入你的复习思维导图中吧。可以花几分钟逗逗宠物或者和朋友们聊聊天。但是，千万不要因此而松懈下来，或者偷懒跑去看一个小时的电视。不要让休息时间占据了你的复习时间。

你必须在 5 ～ 10 分钟的休息时间之后回到复习中去。要对自己的休息时间进行严格的要求，你可以通过设置闹铃来提醒自己重新投入到学习进程之中。记住，要成为掌控自我意志的人，要懂得自律，不要让外界的不良因素（例如手机、电视或电子游戏等）干扰到你。

当然，也不要被你朋友的吹嘘所影响。什么连续学习 10 个小时不休息，这根本是做白日梦！他们这么说的动机是想让你感到压力，或者自欺欺人，因为他们本身害怕复习。除此之外，也有可能是在夸大他们的学习时间！如果复习的时候没有休息，根本就没法做到高效率地学习。因此，懂得张弛有度、学会适当休息的人，才会是最终取得高分的人！

走到户外多运动

让身体充分休息也是至关重要的。体育锻炼能给大脑带来更多的“高能燃料”，即氧气。氧气会让你的大脑像赛车一样高速运转，反应变得更快、更敏捷，而不再是一台“吭哧吭哧”的老爷车。当你一动不动地学习了很长时间，这时候就需要休息一下，到处走走，舒展一下身体，这样更有助于大脑在适度放松的同时，保持高速运转的动力。

如果你是个“运动达人”，也可以把偶尔的比赛或者活动安排到复习时间表中去（把这些活动也写入复习思维导图中，作为你的学科之一）。你需要走到户外多运动，如果你参加团体运动，就会发现和朋友们在一起除了学习之外，做其他事情原来也是如此有趣！当然，如果你不是“运动达人”，也一样要花时间运动，例如让身体随着音乐起舞或者滑滑旱冰，都是不错的选择。

要知道，光学不玩会让大脑感觉非常枯燥无趣！

记住，你有一万亿的脑细胞正在企求被运用。

对每次的努力给予奖励

每当你完成一个既定目标时，就给自己一点儿奖励。这会让你产生一种期待感，以及对于自己完成了一项任务的自我满足感。选取小一点儿的、让你觉得特别值得努力为之奋斗的事情。但是一定要足够简单，并且足够小！因为我们还没有谈到大大的奖励，大大的奖赏要留到考试之后享用！

花多长时间来复习

临近考试的时候（例如考试周的开始），你需要思考一下复习每一门学科大概要花多长时间。你可以将预估的复习时间写在复习思维导图上。请务必记住：重复五次等于长期记忆。你会发现每一次当你重新复习一部分内容时，都会对它更加熟悉，随之也会花更少的时间。在复习思维导图上给已完成的学科打个对勾或者做记号。你的弱项学科应该比强项学科有着更多的对勾或者记号。

剖析你自己

你属于哪种类型的人？你曾经考虑过这个问题吗？

你是什么样的人这一点几乎会影响到你做的每一件事，甚至决定你的成败，包括复习和考试在内。你一定有自己的优势、劣势，就像大多数人一样。因此，你必须认清自己的优劣势，然后想办法扬长避短，完善自我。

举个例子，假设你地理学得非常好，但是历史比较差，那接下来要怎么做？你需要在接下来的一年中多花点时间在学习历史上。

你还有哪些其他的优势和劣势？

请你想想自己是属于哪种类型的人。例如，你是在早晨大脑更加灵活机敏的人，还是到了晚上学习更有效率的夜猫族？如果你早晨做事效率比较高，那么你属于早起鸟儿型人格。你可以利用这一点在早晨多做一些复习，利用晚上的时间来做让自己更加放松的事情，例如学科拓展阅读。这样，你就可以充分利用个人特质来突出优势。反之亦然。

树立自信心

自信心是人生中很多事情的核心。如果你对某件事情充满信心，做起来就能得心应手并且乐在其中。这个道理同样也适用于做功课和复习。如果你不喜欢某一学科甚至讨厌它，那可能是因为在你刚开始学习它的时候花费了太长时间钻牛角尖，最后失去耐心也失去了学习的信心；也可能是因为你生病请假而落下了进度；或者还有可能是老师没能把每一条概念解释得非常透彻……这些都可能会令你对功课失去信心。于是，你对自己说：“天啊，别人都听得懂，只有我不懂，我一定特别笨！”

不过一开始，你或许并不是唯一听不懂的人。但就是这点小小的挫折，最后会渐渐吞噬你对整门学科的信心——直到你觉得自己非但无法乐在其中，更无法在考试中表现出色。那么，鼓起勇气，不要放弃！如果绘制一幅关于你喜欢的学科的思维导图，你就会发现它或多或少都会与你不喜欢的学科有相应的关联。因为世间万物皆有联系，最终你会意识到其实你的内心是喜欢每一门学科的。

学科之间皆有联系

你可能喜欢足球，经常在学校踢，但是讨厌数学，因为你觉得自己学不好它。请你再想一想，真的是这样吗？其实，踢好足球的前提是学好数学。因为进球的前提是你需要在脑中计算好各种角度和距离。所以，下次当你在演算数学几何题时，想象一下自己是在踢足球吧！

“复习五次等于长久记忆”

如果是因为学习过程中那些疑难的知识而让你变得讨厌一门学科，那么你可以尝试向别人求助，不要害怕提问，让懂的人来帮你解答。第一个求助对象应该是你的老师。但如果你不想问老师，那么同学朋友、哥哥姐姐、爸爸妈妈都可以，任何你信任并且真诚待你的人都可以。

当自信心慢慢建立起来的时候，你将会发现，其实你并没有讨厌那门学科——事实上，你还挺喜欢它的！

思维导图能显示出你对某门学科的理解程度，这可以帮助你建立自信。

为什么 6 害怕 7？

因为 7 吃掉了 9！

（seven eight nine！eight 与“吃”ate 同音）

第四章

思维导图的复习应用

思维导图可以使语文（写作）、数学、科学、历史、地理、英语等课程的复习都变得非常简单！

思维导图有多种运用方式。首先，你需要通过思考大脑是如何运作的来更多地了解自己（想一想你喜欢做什么以及不喜欢做什么），然后，再去探索思维导图能够怎样帮助你。

你能够怎样运用思维导图

★ 你的记忆力是不是需要锻炼了？

★ 当读到信息量比较大的文章时，你是否需要外界的帮助来理顺文章中的内容？

★ 你是否觉得在阅读或者理解某样东西时注意力很难集中？——思维导图能够帮助你集中精神，专注于眼前的工作。

★ 当你需要构思一个故事的创意时，你的大脑是不是会变得有些迟钝而缓慢？——思维导图能够拓宽你的思维，让你创意无限。

★ 思维导图指导你如何做更科学合理的笔记，如何提高复习效率，帮你保持学习热情，并且变得更加投入。

★ 当你心浮气躁的时候，思维导图能让你平静下来。

★ 思维导图让你对自己的复习有全盘的掌控。

你的大脑会爱上思维导图！思维导图让它同时调动左右半脑，并且让你聪明的大脑用视觉感知（颜色、图像等）这种与生俱来的能力去思考，这才是它应有的工作方式。

一图胜千言。如果一幅思维导图里有11张图片，那就可以抵11000个字。

思维导图助力各科复习

现在，让我们来看看思维导图怎样以各种不同的方式应用于你的各科复习之中，思维导图可以帮助你：

★ 记住所读书中的所有情节——即便是统一指定的枯燥教材；
★ 整理、归纳并记住所阅读文本信息中的主旨；
★ 制订一份颇有创意的写作计划或拟写一篇文章；
★ 理顺各类事件，记住它们发生的先后顺序；
★ 在复习的时候做重点笔记。

如果你复习得很好，你将记住比第一次学习时还要多的内容。因为大脑中有一个神奇的“钩子”，它可以把所有相关的内容串联在一起。

接下来的内容里所列举的学科，是使用有关思维导图各种方法的建议，仅供参考。

你可以为每门学科都绘制一幅“全貌思维导图”，其中包含所有你要复习的主题内容。但因为“全貌思维导图”只囊括最主要的几个主题，所以你还需要为每一学科绘制更为细致的导图，这会让你更加清楚每一科的重要知识点。更棒的是，所有信息都浓缩于一张纸上，与密密麻麻、层层叠叠、枯燥无聊的线性笔记相比，既容易理解又便于记忆。以科学这门学科为例，你需要一张如第 52 ～ 53 页所展示的思维导图。

"科学学科主题"思维导图

学科题
物理过程
太阳
昼夜
摩擦
相吸
相斥
光
电学
声波
重力
植物
光合作用
花部（花萼、花冠、雄蕊群、雌蕊群）
授粉
发芽
受精
动物
生命周期
青蛙
瓢虫
鸡
人
食物
链
过程
呼吸
排泄
过敏
营养
运动
成熟

语文（写作）复习思维导图

假设你要在语文考试中写一篇文章，这篇文章的题目叫《空房子》。听起来有点无聊，对吧？你的大脑是不是一片空白，压根没有什么好的想法？让我们看看绘制一幅思维导图能否助你打破僵局。拿出你的思维导图工具（还记得吗？纸、彩笔、大脑！），然后把中心图像画在纸张中央，再涂上一些明亮鲜艳的颜色，就可以开始了！

★ 在思维导图的中央画一个空房子并涂上颜色，然后加入你觉得有意思的细节。记得要尽可能多地使用不同的颜色。这是一个能提高想象力的好方法。

★ 现在从中心图像画出几个大纲主干。

★ 接下来把时间交给你的想象力！思考所有和这个空房子可能有关的有趣或者激动人心的点子。使用“何事——何地——何时——谁——为什么——结果”的思维导图手绘检查表来给自己点儿启发。例如：这个房子是什么样子的？坐落在哪儿？这个故事发生在什么时候？谁住在里面？为什么？发生了什么事情？

★ 在大纲主干上增加内容分支，尽可能多地使用符号、图像以及颜色。

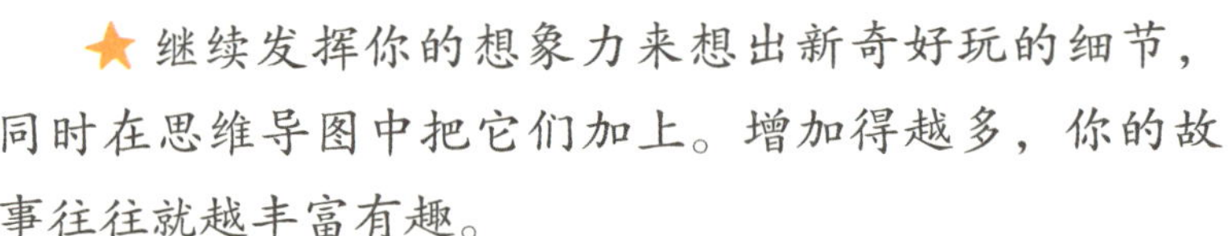

★ 继续发挥你的想象力来想出新奇好玩的细节，同时在思维导图中把它们加上。增加得越多，你的故事往往就越丰富有趣。

★ 持续这个过程，直到你有足够多的素材来完成整个故事。

思维导图能够帮助你

- ★ 从各类不同的资料数据中整理并提取重要信息；
- ★ 释放想象力，写出更有创意的故事；
- ★ 构思写作大纲；
- ★ 牢记语法和词汇。

从思维导图到高分作文

当你用快速扼要的思维导图完成考试的头脑风暴（参见第 109）后，便可以利用它来构建写作框架了。想象思维导图上的每一个大纲主干代表你文章中的基本结构，观察每一个大纲主干，然后把它们按照文章中的主次进行排序，分别给它们编号。哪一个话题作为文章开头会更好一些？我们可以将第 56 ～ 57 页的思维导图作为一个参考。

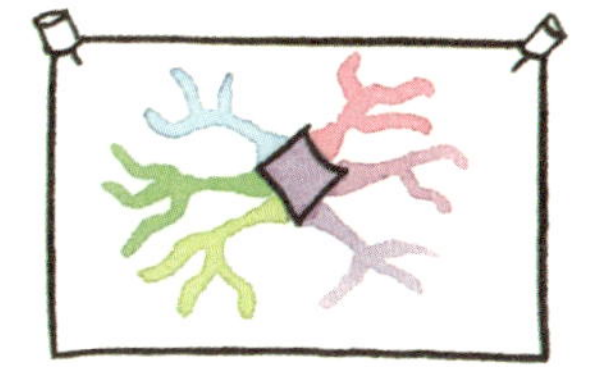

在选择先写哪一个主题的时候是没有标准答案的，不同的顺序只是意味着写出来的作文侧重点不一样。

“空房子”思维导图

思维导图（全彩少儿版）：学习技巧训练

空的
房子
探险
玩耍
孩子们
金
戴夫
汤姆
器具
落满灰尘的
内部
厨房
客厅
卧室
阁楼
楼梯
小道具

构思大纲主干，然后写下来

写这篇文章的一种方式是从描述房子“内部”的大纲主干开始写起。这种写法能够给故事发生地设置一个场景，同时让房子本身成为文章的描述主体。或者，你也可以从“孩子们”的大纲主干开始写起，描述发现这栋房子的孩子们，这会让读者更加关注孩子，同时让孩子成为文章描述的主体，围绕房子发生的故事，这只是孩子们的一个经历罢了。永远记住：在选择先写哪一个主题的时候没有标准答案，不同的顺序只是意味着写出来的作文侧重点不同！

一旦决定了从哪一个大纲主干开始，就可以动笔了。绘制思维导图让你的想象力完全释放，接下来你会发现写作是一件非常简单的事情，可谓“下笔如有神”！

从大纲主干延伸出来的内容分支能帮助你确定文章的每一个部分中的细节。例如，假设你从房子“内部”开始写起，它的内容分支是在说明房子是什么样子的。这样就可以将描写破旧的房子、诡异的氛围、空荡荡的房间以及隐匿的蜘蛛网的内容作为文章开头。当写完一个主干的内容时，你可以按照之前标示的顺序，写下一部分。例如“孩子们”部分，接下来你要做的就是描写有关孩子的事情，再接下来，一个主干一个主干地写下去，直到完成所有主干内容。

下一页的短篇故事是根据思维导图空房子写出来的一篇文章示例。这篇文章是以“孩子们”大纲主干作为开端，然后按顺时针方向一部分一部分写完的。

这是关于空房子故事的一个版本（你的版本可能会不一样）。

在很多年前的一个夏天，有三个孩子金、戴夫和汤姆，他们在思索着接下来要做点儿什么。那天天气很闷热。他们在湖边钓了鱼，在湖里游了泳，还爬上了田野里一棵很大的树。突然，金想到村子那头有一栋荒废已久的房子。它矗立在一大块田地中央，并且已经好多年没有人住了。没人记得有谁曾经住在那里，或是知道哪怕一丝的往事。

三个孩子决定去空房子探险。他们小心地推开房子的前门，发现门并没有锁，而是微微打开着。干燥的木门嘎吱作响，房子里寂静无声，到处都堆满了东西。厚厚的灰尘笼罩在屋里的每一件东西上，几乎无法辨认，但是孩子们还是在桌子上发现了一排沾满灰尘的餐具。

三个孩子小心翼翼地穿过残破的楼梯往楼上走去。他们在阁楼里的一大堆破家具中发现了一个上锁的大箱子。撬开箱子之后，他们在箱子里发现了一大堆老旧的天鹅绒夹克、蕾丝领口的上衣，绣有玫瑰花图样的长裤、鸵鸟羽毛装饰的宽边软帽以及一双高筒软绒面革的靴子。孩子们兴奋地穿上这些衣服，然后从一面残破的镜子里欣赏着自己的样子，他们的模样像极了三个火枪手。他们一边"咯咯咯"地笑一边用在角落里发现的残破的剑玩起了击剑。

就在这个时候，窗外起了一阵风，红色的窗帘微微掀起，从那后边传来了脚步声。孩子们瞪大眼睛，直勾勾地盯着那个方向，不敢呼吸。一个奇怪、低沉的声音突然冒了出来："是谁在那里？"金、戴夫和汤姆的心脏都快提到嗓子眼儿了，他们把剑丢在地上，一边跑一边脱下衣服，连滚带爬地跑下楼梯，用最快的速度冲出大门，穿过田地。由于惊吓过度说不出话，以致回到家后，他们也一言不发，更没有告诉任何人关于这次冒险的事。

几天后，他们决定重返那栋空房子。当他们回到那片田野，向房子所在方向眺望的时候，却发现那儿空空如也——什么都没有。他们觉得自己找错了地方，于是又跑到旁边的一片田地去查看，但是也什么都没有发现。后来，孩子们在村里四处打听了半天，才发现没有任何人知道那栋房子的存在。

数学复习思维导图

一开始你可能并不认为思维导图能用来复习数学。其实是可以的！接下来，思考一下在数学这门课中你需要学习的所有知识。

思维导图能够帮助你

- ★ 记住概念与公式；
- ★ 记录并记住数据；
- ★ 归纳数学原理。

认识形状

以形状为例，思维导图是一个可以帮助你识记立体形状的绝佳工具。每次当你需要理解这些概念的时候，思维导图就可以作为一个快速的视觉参考图，丰富的色彩帮助你牢牢地记住形状的名称和相应的立体效果图。例如，当你需要记住以正方形为基底的三角锥是什么样子时，你的大脑中浮现的是思维导图上用蓝色彩笔画出的三角锥。自己动手画，同样也能加深这些形状在大脑中的印象。

“谁能出一道关于时间的数学题？”

“老师，请问还有几分钟下课？”

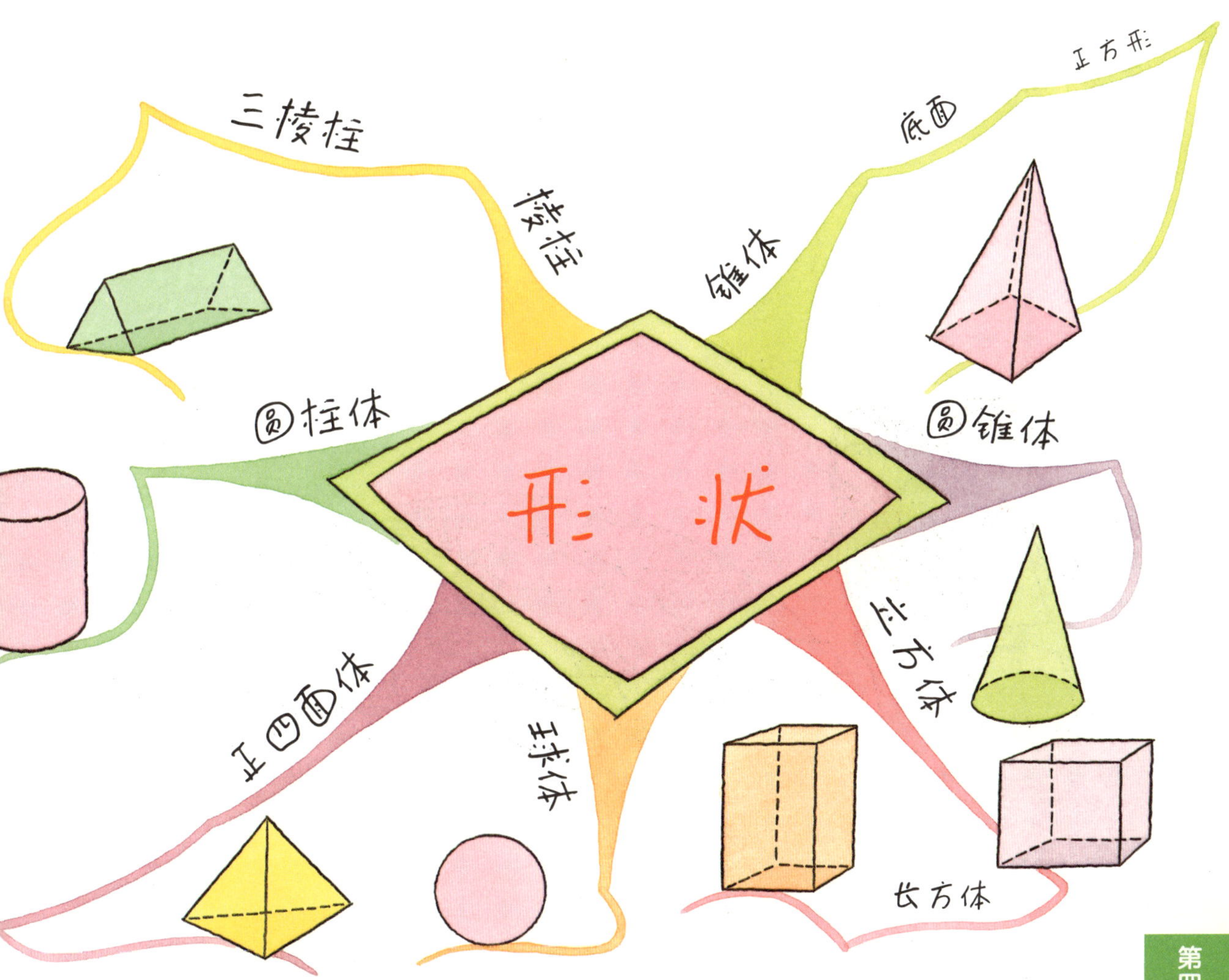

“形状”思维导图

收集数据

你有没有需要收集信息或者给数学课题做调研的时候？你是不是有时候需要在考试中用到你的调研方法和结论？思维导图在给出直观的调查结果方面非常有用。所有收集来的数据都呈现在一张纸上，一目了然。举个例子，假设你和你的朋友在做交通调查时，需要计算有多少种不同类型的车辆，而你必须想个办法展现出调查结果。这时，你可以灵活运用象征符号，例如把 10 辆车子放入你的思维导图。这样，你就能非常直观地计算出一共看见了多少辆车，之后就能够将这些车根据颜色再次进行分类。

别忘了在你的思维导图中加上“关键词”，让所有人都能知道那些象征符号代表什么。

下一页展示了某个交通繁忙的十字路口在九月的某天某一个小时内的车流量及行人数量。研究员用笔记本记录了数据，随后绘制了一幅思维导图。

9 月车流高峰时间调查表

小汽车

红色 22 辆

蓝色 41 辆

绿色 30 辆

白色 28 辆

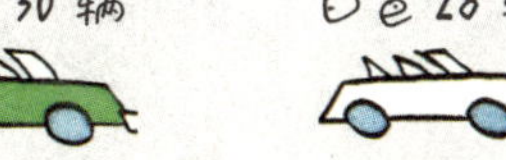

其他 36 辆

出租车

黑色出租车 33 辆

其他 21 辆

公交车

双层公交车 30 辆

单层公交车 12 辆

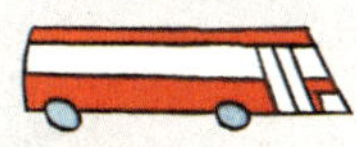

大巴车 14 辆

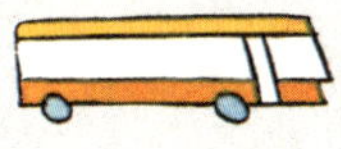

自行车

骑车人戴头盔 12 辆

骑车人不戴头盔 31 辆

行人

成年男性 48 人

成年女性 57 人

步行的儿童 23 人

推车里的儿童 20 人

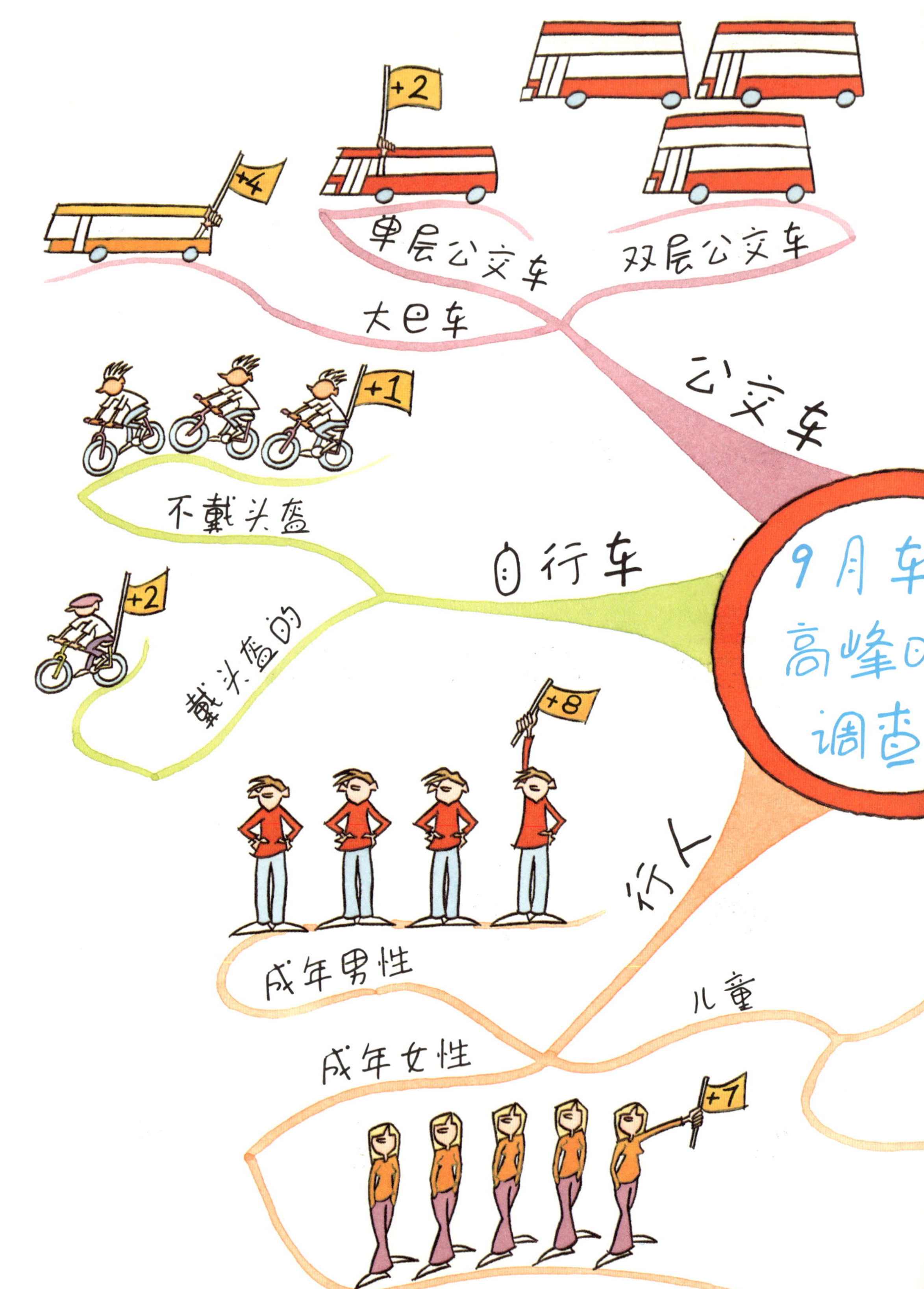
+2
+4
单层公交车
双层公交车
大巴车
公交车
+1
不戴头盔
自行车
+2
戴头盔的
9月车
高峰
调查
+8
行人
成年男性
儿童
成年女性
+7

“9 月车流高峰时间调查表”思维导图

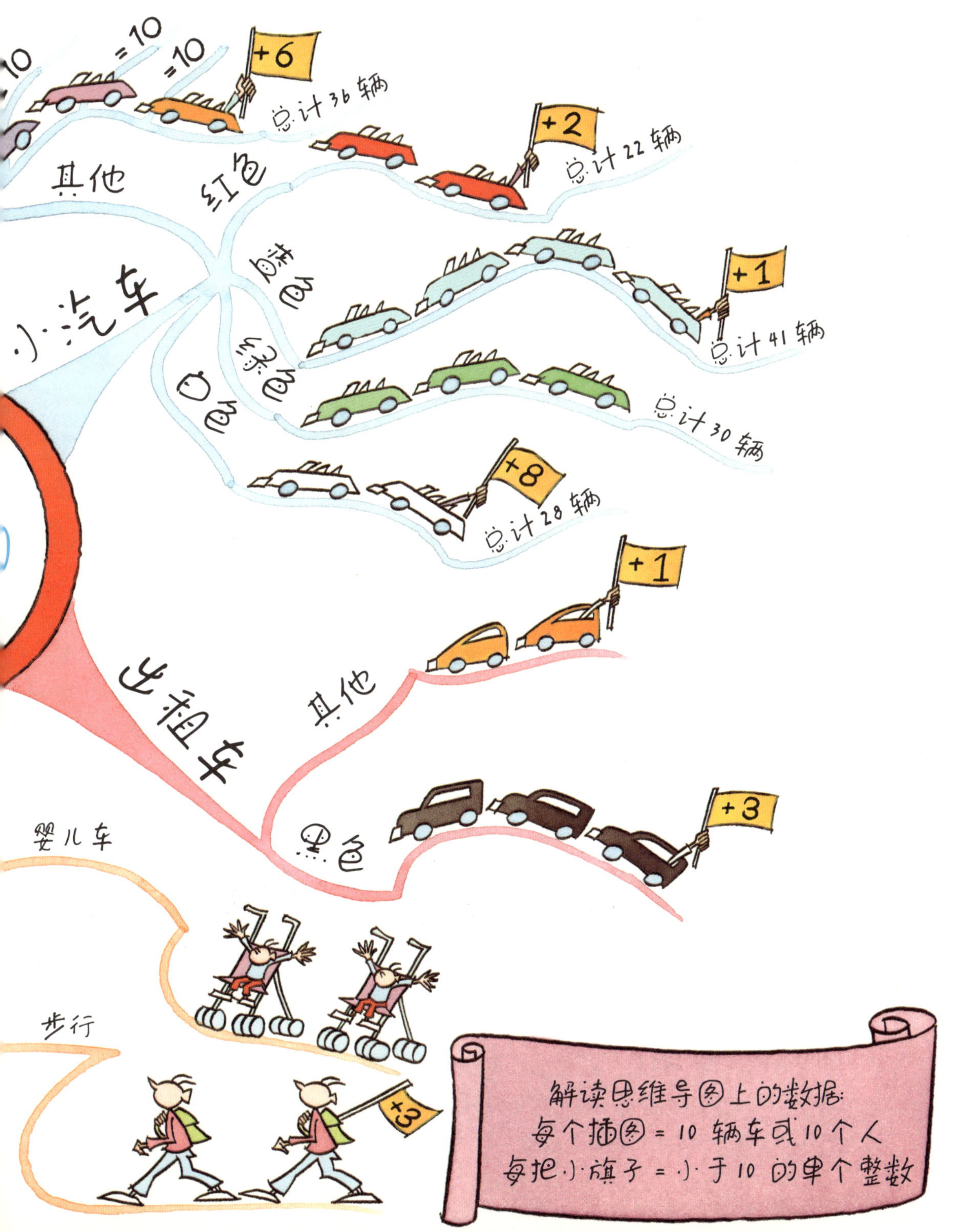

科学复习思维导图

在科学这门课上使用思维导图能够帮助你更好地记忆，并且有助于你在复习的时候梳理相关信息。

思维导图能够帮助你

★ 记住所有改变的过程；
★ 整理信息；
★ 回忆实验数据和内容。

生命周期

在科学课中，你需要学习的一个重要课题就是生命周期。地球上任何有生命的物种在生长和发展的过程中都会经历一个变化的周期。但是物种之间的变化周期是不同的，记住这些差异很重要。举例来说，鸡蛋有很硬的保护壳，母鸡生下蛋后会尽量保持蛋的温度，直到毛茸茸的小鸡破壳而出。然后，小鸡会长成一只雏鸡——一只年幼的小鸡——最终成为一只真正成熟的鸡。相比较而言，人类的婴儿在出生时极其虚弱无能，然后才会慢慢长大成为儿童、青少年，而后成为一个独立的成年人。

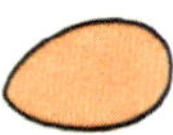

你可以把这些不同形态的生命周期放在同一幅思维导图里比较，如此一来有助于你更好地复习，因为有趣的思维导图比枯燥无聊的列表好记多了，你也不妨看一看第 67 页的思维导图示例是如何总结各种信息的。

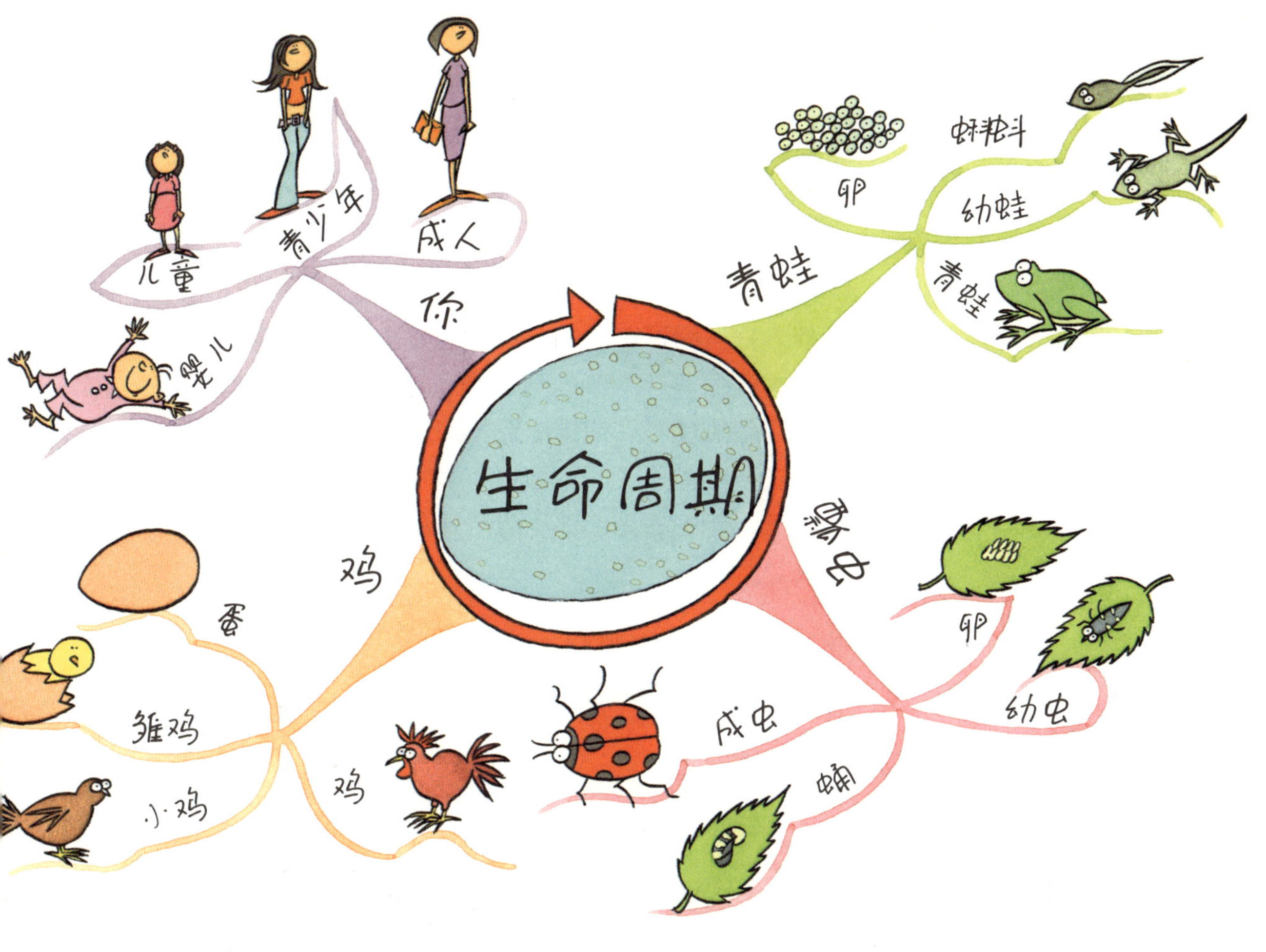

“生命周期”思维导图

可逆与不可逆的变化

你也会学到可逆与不可逆的变化。思维导图能够帮助你复习这些信息，并且帮助你在考试的时候更好地回忆。现在，不需要觉得太困惑！大脑会记住你在思维导图上画过的图像，这些图像也会提示你这些信息是什么。

你可以任意选择一个物态变化作为例子，用思维导图来帮助你理解哪些过程是可逆的，哪些是不可逆的。那么可逆这个词是什么意思？它意味着你能改变某些物质的形态，之后你还能将它还原成原来的样子。

以黄油为例（不是真的让你拿手举着黄油！）。黄油刚从冰箱被取出的时候是冷的，但当你把它放入厨房高温的环境里一阵子之后，它就会开始融化。之后你可以把黄油放回到冰箱里，它就又会变回固体。黄油变回了原来的样子，这样它就经历了一个可逆的变化！

那不可逆的变化又是指什么呢？还是在厨房中（这儿每天发生超多不可逆的改变！），你可以把一个鸡蛋煮熟。鸡蛋刚从冰箱里被取出的时候里面还是液体，但是放入锅里用开水煮 5 分钟或者放在煎锅里煎熟，蛋清和蛋黄就都会变成半固体半液体的状态。如果你把鸡蛋煮或者煎 10 分钟，那么蛋黄和蛋清就会变得特别硬——如果是煎蛋的话，它可能已经彻底糊了；煮蛋的话，你会收获一个熟透了的鸡蛋！（刚好是你在复习间隙休息时候的零食！）关键在于，无论如何你都不能把鸡蛋变回原来的样子了，这就是一个不可逆的改变。

看一看下面的这些变化，然后绘制一幅思维导图来给它们分类。通过画小分支的方式，尽可能多地加入你所知道的过程中的细节。

接下来，请你自己想几个例子来阐明这两种变化。例如：如果你喜欢吃巧克力（很多人其实都很喜欢），这样你就又有一个类似于黄油融化的好例子，不是吗？你一定能够通过在图上画一个巧克力来提醒自己巧克力的融化是可逆反应的典型代表！把你自己的思维导图和第 70 ～ 71 页的示例作对比。

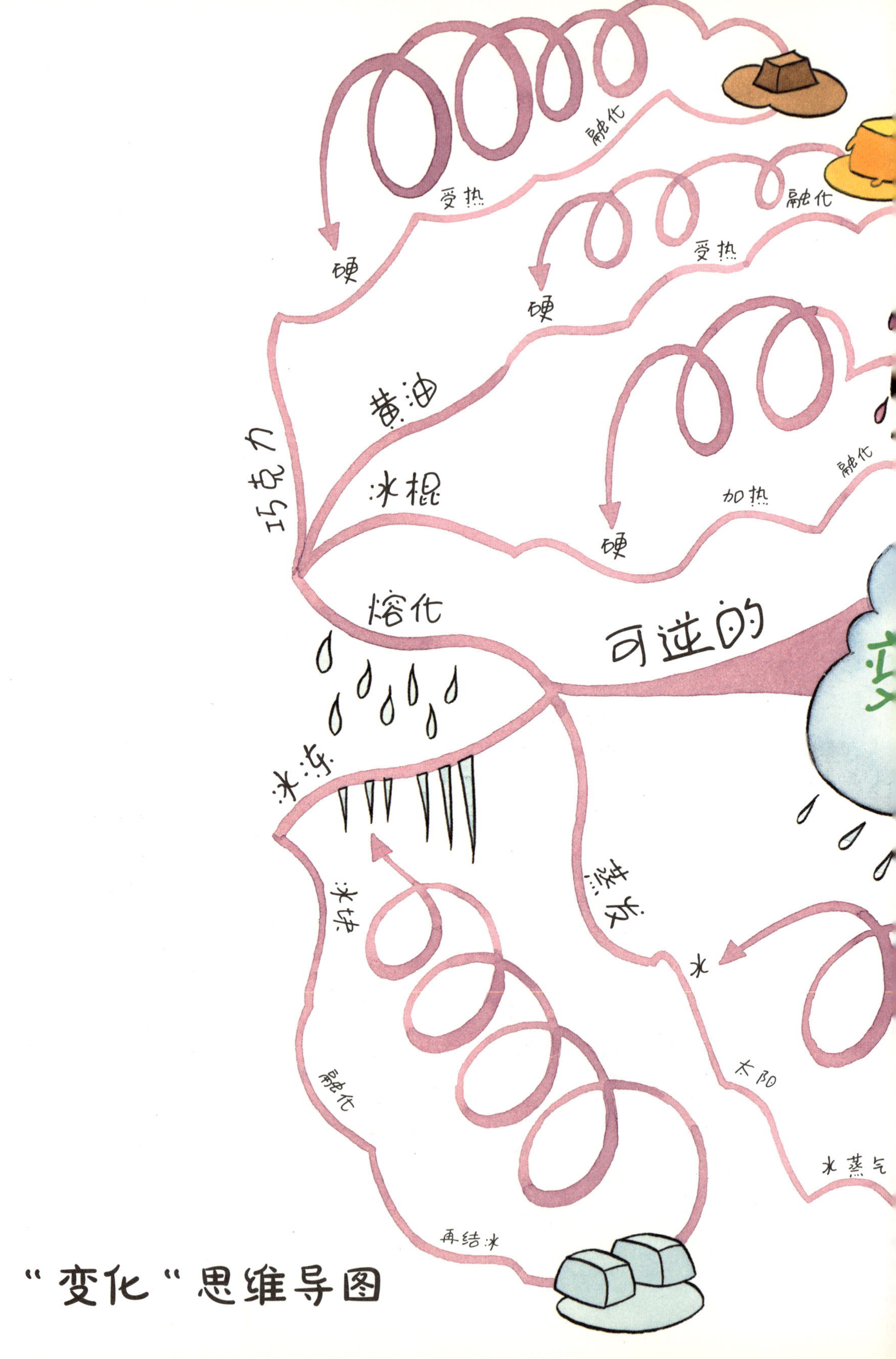

"变化"思维导图

第四章
思维导图的复习应用

历史复习思维导图

当你在本书开头看到为伦敦大火绘制的思维导图（参见第 18～19 页）时，你的大脑就已经开始试着使用思维导图了。那么，让我们再来看看思维导图是如何帮助你学习历史的。正如在伦敦大火的故事中一样，你可以用思维导图来整理复习有用的信息。下面是一个新的例子。假设你需要在考场上回忆或者写一篇关于伊丽莎白一世以及她的无敌舰队的文章，可能你需要复习的资料是历史书中非常无趣的一大段文字，有点儿像以下摘录的内容：

伊丽莎白一世与无敌舰队

英国和西班牙这两个国家在伊丽莎白一世统治时期（1558~1603）并不是特别友好。西班牙天主教国王菲利普曾试图罢黜伊丽莎白一世，然后扶植其表侄女苏格兰女王玛丽•斯图亚特上台。因为玛丽不断试图谋杀伊丽莎白一世，每个人都认为菲利普是幕后的指使者。因此，伊丽莎白并没有阻止弗朗西斯•德雷克和其他海盗侵袭西班牙船只及领土。德雷克经过三年的长途跋涉来到南美洲西班牙殖民地，劫掠船只以及金银珠宝，更激怒了西班牙人。1588 年，菲利普国王决定入侵英格兰。一支拥有 130 艘船以及 3 万名士兵被称作西班牙无敌舰队的队伍，浩浩荡荡地驶向英格兰。这次出行的目的在于给西属尼德兰（西班牙霸占的低地国家南部省份，大致相当于今比利时和卢森堡）带去 2 万人的军队支援。原计划是在途经路上用一种特殊的战斗方法来摧毁英国海军。这种方法是让两艘船船舷贴船舷，然后用抓钩将两艘船拉在一起。然而，德雷克拥有性能优越的大炮、最先进的武器，并且熟知当地天气的动向。在无敌舰队开向普利茅斯的时候，德雷克正在玩滚木球的游戏。德雷克的计划是从背后一艘一艘地把西班牙的大船打沉。他的确是这么做的，不过他的秘密武器是在船舶中装满火药及引火物，然后使其漂向西班牙的舰队。最终，无敌舰队被击溃，沉没在苏格兰以及爱尔兰的海岸线附近。

多么无聊的一段文字！好吧，再通读一遍（我保证这是最后一次——之后你只需参考思维导图即可），找出你认为最重要的信息——荧光笔会帮上大忙。把这些信息整理到你的思维导图中去，然后看看自己能否记住（记忆非常牢固，我敢说）。把你的思维导图和下一页的示例作比较，但是请记住，思维导图没有标准答案。

思维导图能够帮助你

- ★从一个或多个数据中找出重点；
- ★理清所阅读史料的思路；
- ★整理并记住历史大事件；
- ★整理并记住历史事件发生的时间及顺序。

葡萄牙和西班牙中间是什么？

牙缝儿！

“无敌舰队”思维导图

伊丽莎白
新教徒
黄金
战利品
攻击
船只
南美洲
德雷克
英格兰
攻击
陈旧战术
西班牙
大帆船
滚木球游戏
苏格兰
残骸
大炮

埃及人与图坦卡蒙

这里将要告诉你的是，如何运用思维导图从各类渠道获取信息并整理成简易高效的复习笔记的方法。这一点在你做拓展阅读，从不同的书籍、电视节目或互联网中收集信息的时候尤为有用。

下一页是有关图坦卡蒙的一些零散庞杂的信息。你能把这些信息整合为一幅思维导图吗？别忘了，思维导图有多种画法，每一幅思维导图都不同，因为每个人的大脑都不一样！

图坦卡蒙9岁成为埃及法老，并在当时娶了安克赫娜蒙——他同父异母的姐姐。图坦卡蒙的父亲于公元前晚年去世，死后下葬至一处秘密的陵墓中。

图坦卡蒙生于约公元前1342年的尼罗河畔，父亲是阿肯那顿，母亲是他父亲第二任妻子基亚。

当时埃及人崇拜阿吞神。图坦卡蒙却复辟更古老的宗教，重新树立阿蒙神，并修建了新的神庙。

图坦卡蒙在卡纳克神庙加冕，他也是埃及军队的统帅。

阿肯那顿的第一任妻子叫作纳芙蒂蒂，她规划了花园城市。她有六个女儿，都是图坦卡蒙同父异母的姐妹。

图坦卡蒙学会了阅读以及写字，他学的是象形文字，当时他写字用的是纸莎草纸。

军队装备了青铜匕首、长剑，战斧以及战棍，除此之外，士兵们还拥有牛皮盾。

图坦卡蒙从父亲在位时就担任宰相的阿伊那里了解到家族历史。

图坦卡蒙在公元前1323年去世，当时他可能只有17或18岁，死因可能是源于一场战车意外事故。

图坦卡蒙的遗体被制成了木乃伊，这样他就能"投胎转世"。他的木乃伊和大量陪葬品被放在三层棺材里，一层套着另一层，最里边的那个棺材是纯金做的。

他的墓一直到1923年才被人发现，霍华德·卡特是第一个打开图坦卡蒙墓室的人，墓室中的那些陪葬品是供图坦卡蒙在前往"来生途"中使用的。

“埃及人与图坦卡蒙”思维导图

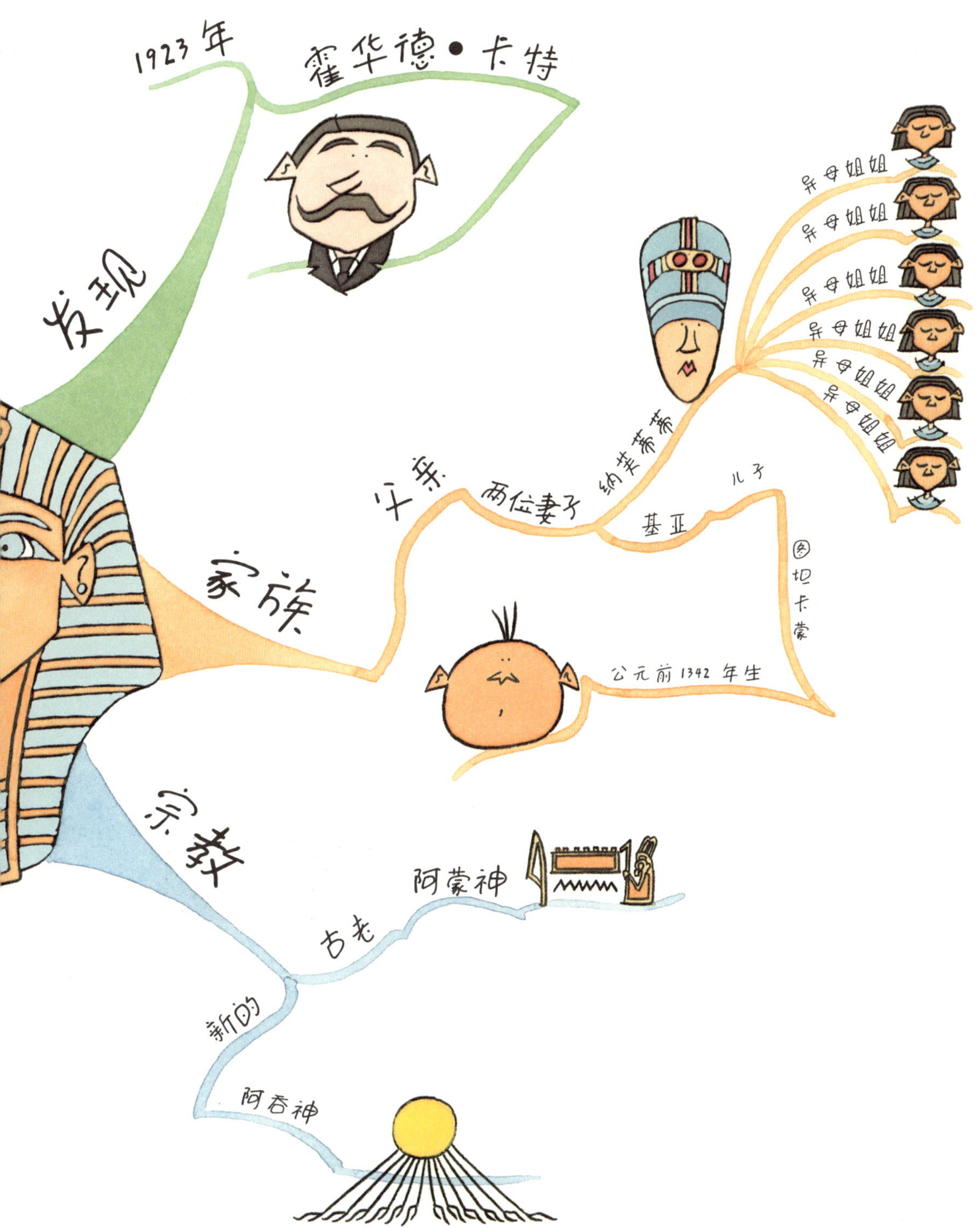

1923年
霍华德•卡特
发现
家族
父亲
两位妻子
纳芙蒂蒂
异母姐姐
异母姐姐
异母姐姐
异母姐姐
异母姐姐
异母姐姐
基亚
儿子
图坦卡蒙
公元前1342年生
宗教
古老
阿蒙神
新的
阿吞神

地理复习思维导图

思维导图对于复习和记忆来说是绝佳的工具，它还能帮助你归纳和整理必须学习的信息。

思维导图能够帮助你

★ 了解地理变化的过程；

★ 组织信息；

★ 总结并记住各种地理现象；

★ 记住各大洲由哪些国家组成，以及这些国家的首都。

火山

让我们用火山举例。你能记住那些必须记得的重要火山景观吗？思维导图可以帮助你解决这个问题。

你可能在课本或者参考书里看到过一些对火山景观的描述。请你快速浏览一遍下页的文字，归纳出哪些是比较重要的信息，然后尝试着创造出属于自己的思维导图。比较一下，你的思维导图与第 82 ～ 83 页的示例有什么不同。

地球的地壳一旦出现裂缝或者薄弱地段，在压力作用下，熔融的岩石即岩浆、灰尘和气体就会沿着裂缝或薄弱的地段喷薄而出，造成火山喷发。

岩浆有着很大的压力，地壳中的薄弱部分让它成为熔岩并喷发而出，但一旦冷却下来就会成为固体。火山的圆锥形由以往喷发的层层岩浆和灰尘堆叠而成。火山顶部的宽阔开口叫作火山口，被火山缘环绕。如果是最近刚刚喷发过的火山，火山口充满了融化的岩浆及冒泡的沼气。时间更久远一些的火山喷口则充斥着凝固的岩石，有时候还会形成火山湖。

火山内部有一条火山筒，直通熔岩。火山最顶端是火山口，但它有时会被硬化的熔岩堵塞。在火山通道的最低端是一池岩浆，称为岩浆室。一些很早以前喷发的火山现在被叫作休眠火山，还有一些仍然在不时喷发的，称为活火山。目前世界上有20~30座活火山，其中一个例子就是南美洲哥伦比亚的内瓦多•德•鲁伊斯火山。另外，1707年喷发的著名的日本富士山以及美国的雷尼尔火山，这两座火山都已休眠至今。火山如果几千年都没有喷发，就相当于灭绝。两个著名的例子就是新西兰的艾格蒙特火山以及坦桑尼亚的乞力马扎罗火山。

你知道海底火山吗？海洋和陆地一样，也有很多的火山喷发。美国旅游胜地夏威夷群岛的形成就是海底火山喷发的“功劳”，夏威夷的最高峰冒纳罗亚火山是岛上第一大活火山，它距离最近的一次喷发是在1984年。

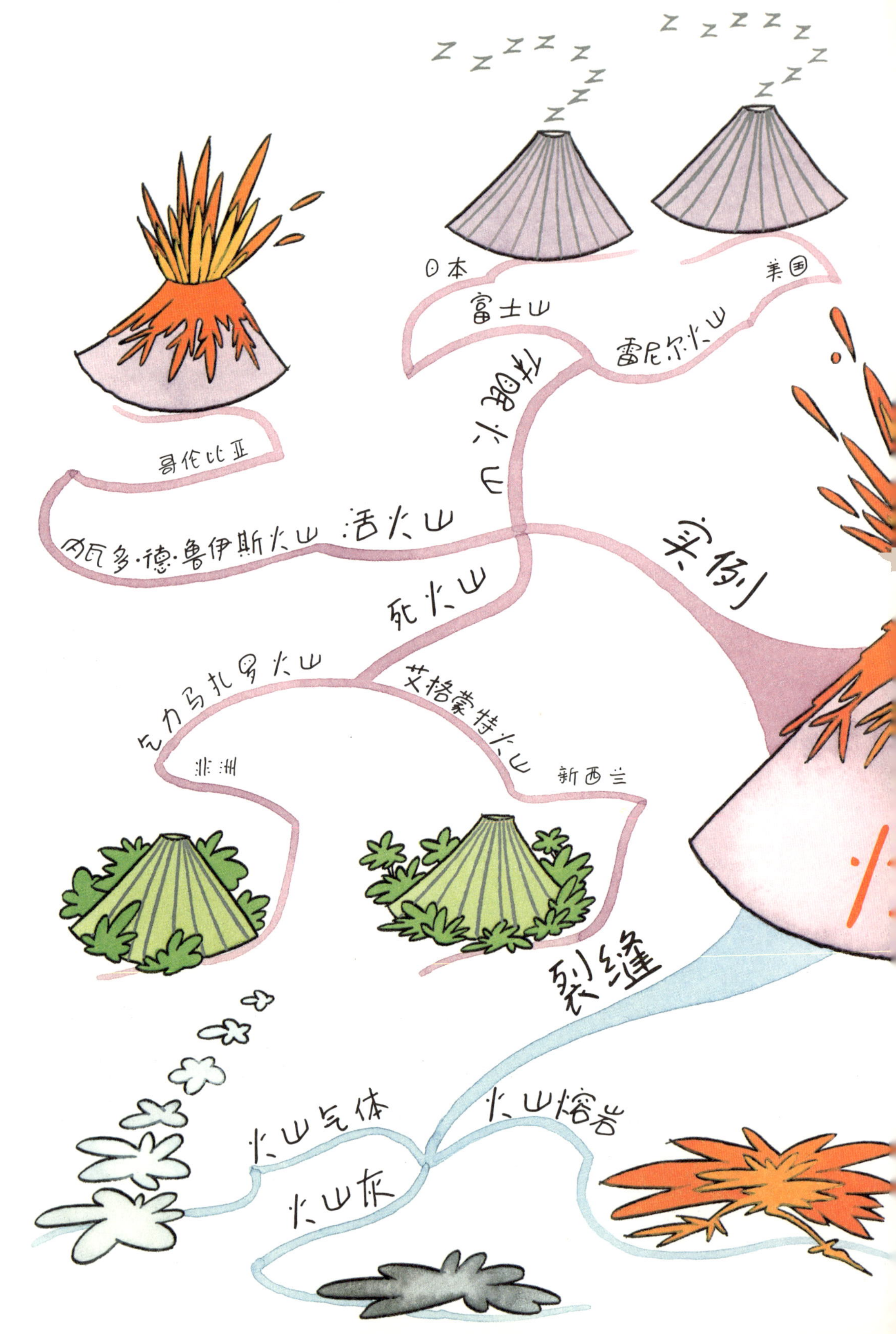
日本
富士山
美国
雷尼尔火山
休眠火山
哥伦比亚
内瓦多·德·鲁伊斯火山
活火山
实例
死火山
乞力马扎罗火山
艾格蒙特火山
非洲
新西兰
裂缝
火山气体
火山熔岩
火山灰

“火山”思维导图

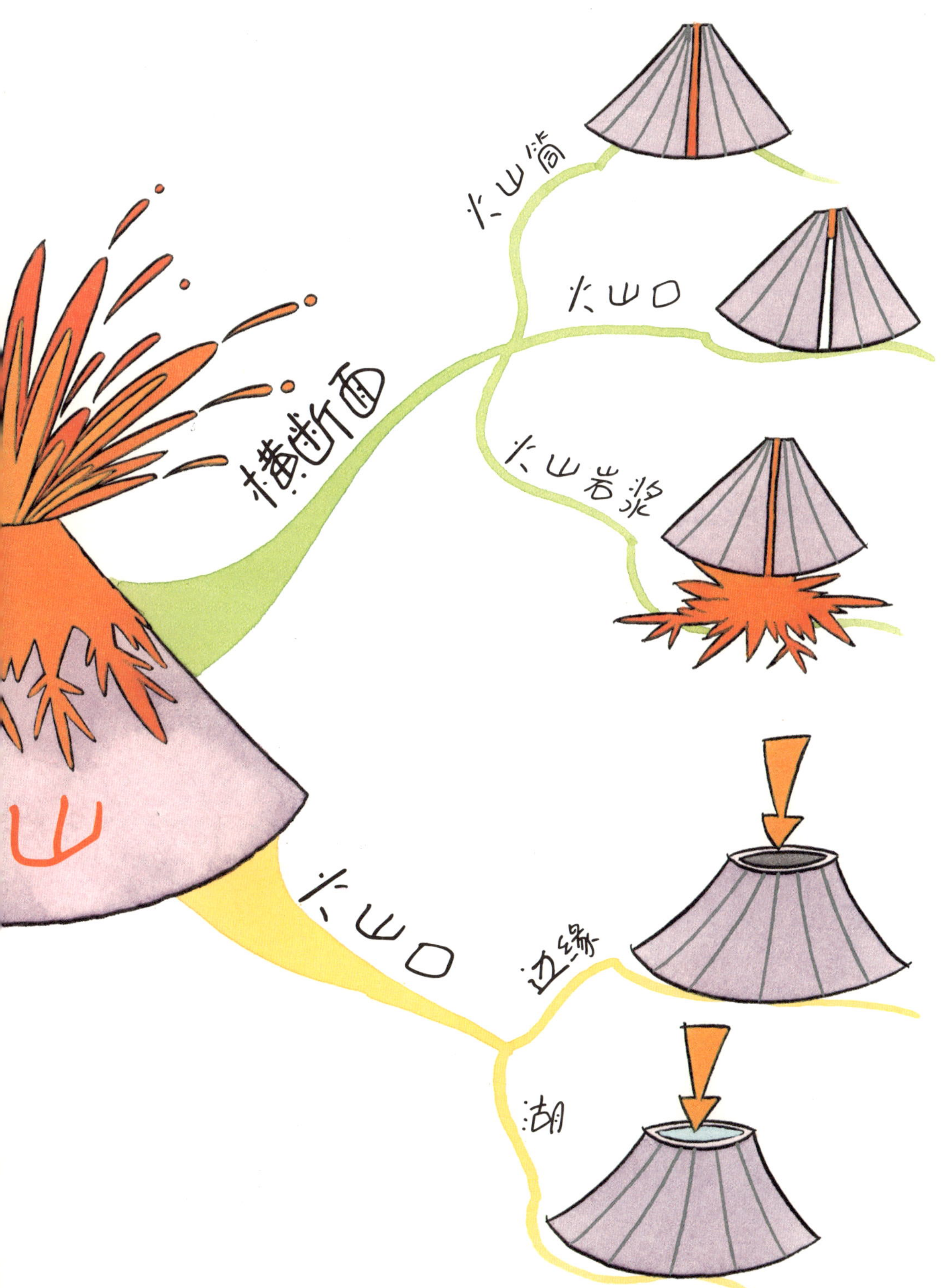

英语复习思维导图

复习英语时，思维导图是一个很棒的工具。因为思维导图上的图像能够提示大脑，告诉你那些词汇是什么。

思维导图能够帮助你

- ★ 复习并记住单词；
- ★ 在不同场合的角色扮演中记住单词和句型；
- ★ 在文章中组织并记住关键词。

选择一个颜色

例如，你可以使用思维导图的颜色，来记住英语中代表各种颜色的单词，当你快要遗忘的时候，这些图像能给你的大脑提供帮助。

更为便捷的是，你还可以将需要学习的单词，根据不同的主题或角色扮演的场景来分类，无论是笔试还是口试，你都能记住特定主题里所有的单词，而这些都要感谢思维导图，因为它已经把单词都归纳好了。

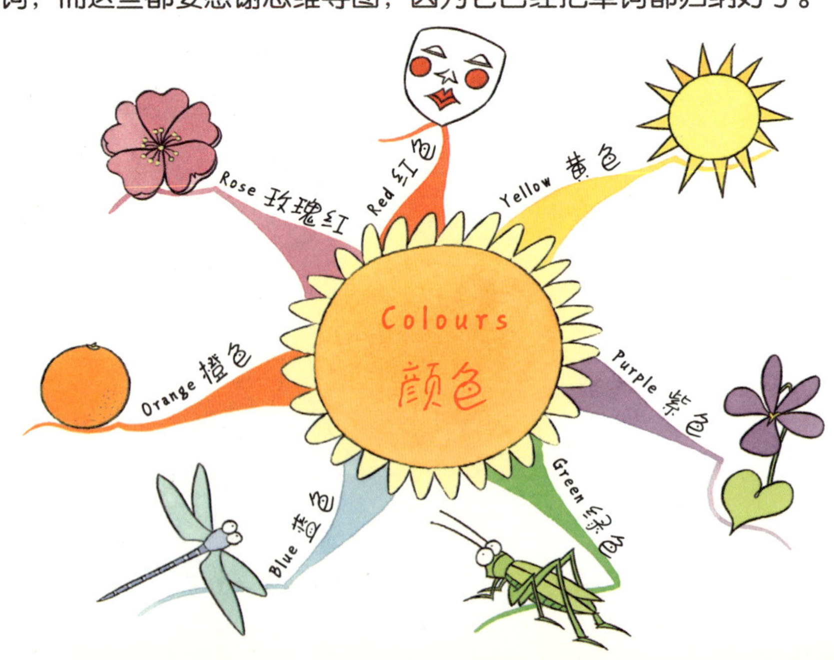

购物清单的思维导图

在第 86 ～ 87 页的思维导图示例中，展示了你在扮演采购角色时可能需要用到的英文单词。再次提醒你，图像能够帮助你记住这些单词。

Honey 蜂蜜
Jam 果酱
Cereal 麦片
Drinks 饮料
Snacks 食品杂货
Spaghetti 意大利面
Cakes 蛋糕
Mug-up 糕点
Cookies 饼干
Bread 面包
Milk products 乳制品
eggs 鸡蛋
Milk 牛奶
Yoghurt 酸奶
Cheese 奶酪

“采购员的购物清单”思维导图

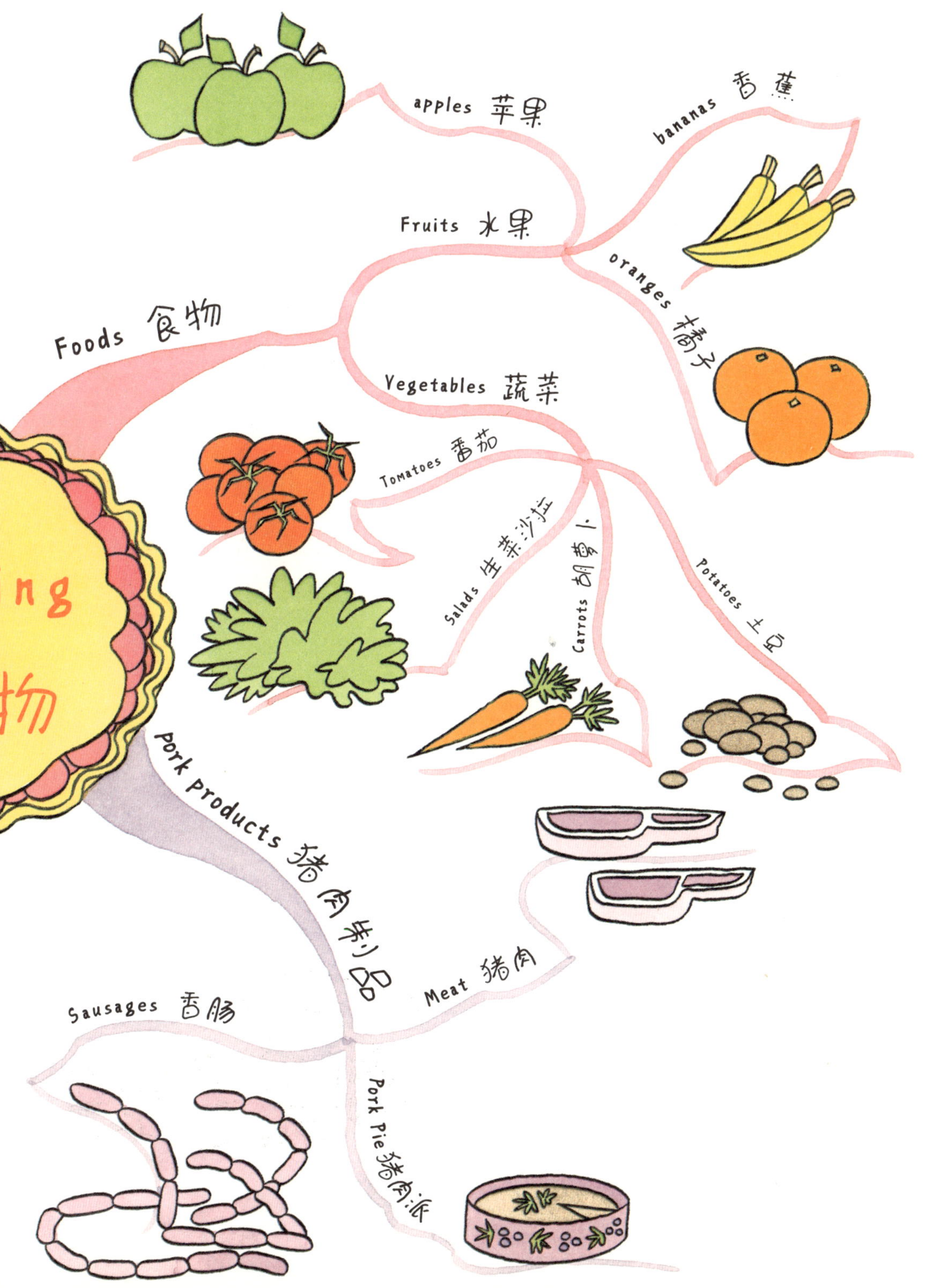

第四章 思维导图的复习应用

社会生活的思维导图

社会生活，往往与你成为一个有学识、有责任心的人所要具备的知识与理解程度有很大关系。例如，如何保护地球及其有限的资源，或是了解法律系统如何运作。环保也是其中一个你可能会被问到的领域。

思维导图能够帮助你

- ★ 归纳步骤；
- ★ 记住重要事件；
- ★ 了解重要事件与结果之间的关联。

新的垃圾收集器：“我可以从您这里得到一些培训吗？”

老前辈：“不需要，你只要在走路的过程中顺便捡起垃圾就行了。”

废物回收，节省资源

有效利用地球上的资源非常重要。我们挥霍了很多资源，因而需要重新整合并利用起更多的资源。以玻璃为例，玻璃制品在我们每天的日常生活中使用频率非常高，当用完玻璃瓶或玻璃罐中的东西时，你通常会怎么做呢？是将它直接扔掉，还是置于回收系统中呢？

玻璃是不会腐烂的。然而，它可以被重新熔化并改造多次，性状仍然保持不变。如果你可以循环使用玻璃——那么，开始做吧！使用储物盒放置回收的空瓶时，请你按照不同颜色将它们分类摆放。虽然有点麻烦，但只要你花点心思就能让空瓶再度被使用，何乐而不为呢？

可能的选择有哪些

你在商店中买了一个玻璃瓶，把它带回家并用掉其中装着的东西。接下来会怎么样呢？如果你把它扔进垃圾桶，它会跟其他的垃圾与废弃物一起被堆放在垃圾场。这个瓶子会一直被废弃或者被烧掉，那样的话，它就再也没有用处了。我们都知道玻璃瓶本身无法降解。如果把玻璃瓶退还给商店，或许可以换回一些零钱，这在过去是常有的事，但现在人们基本不这样做了。那么，如果把玻璃瓶带到回收站或者马路边的回收点，让它经历熔化、重造，将其制成更多的全新的玻璃瓶——让它们可以再一次被利用，甚至再一次进入你的家中，这样不是更好吗？

那么易拉罐呢

你喝碳酸饮料吗？你喝完饮料之后会如何处理空罐子？如果你把它们丢弃在垃圾桶，它们就会和其他的垃圾一样进入垃圾站。但是，如果你进行回收，不管是马路边的回收点还是回收站，这些金属都可以被重复利用从而制成新的罐子。成袋的罐子一般都被慈善机构回收因为可以再次卖掉。通常，铝罐要比铁罐有更高的回收价值，因此，最好可以给罐子分好类（使用吸铁石来分辨铁和铝）。在回收工厂，罐子被粉碎：铁罐打捆之后被卖到钢铁厂；铝罐则被熔化并制成新的产品。

请你尝试一下，是否可以将这些信息绘入思维导图里，进行一次简单的复习。

“回收再利用”思维导图

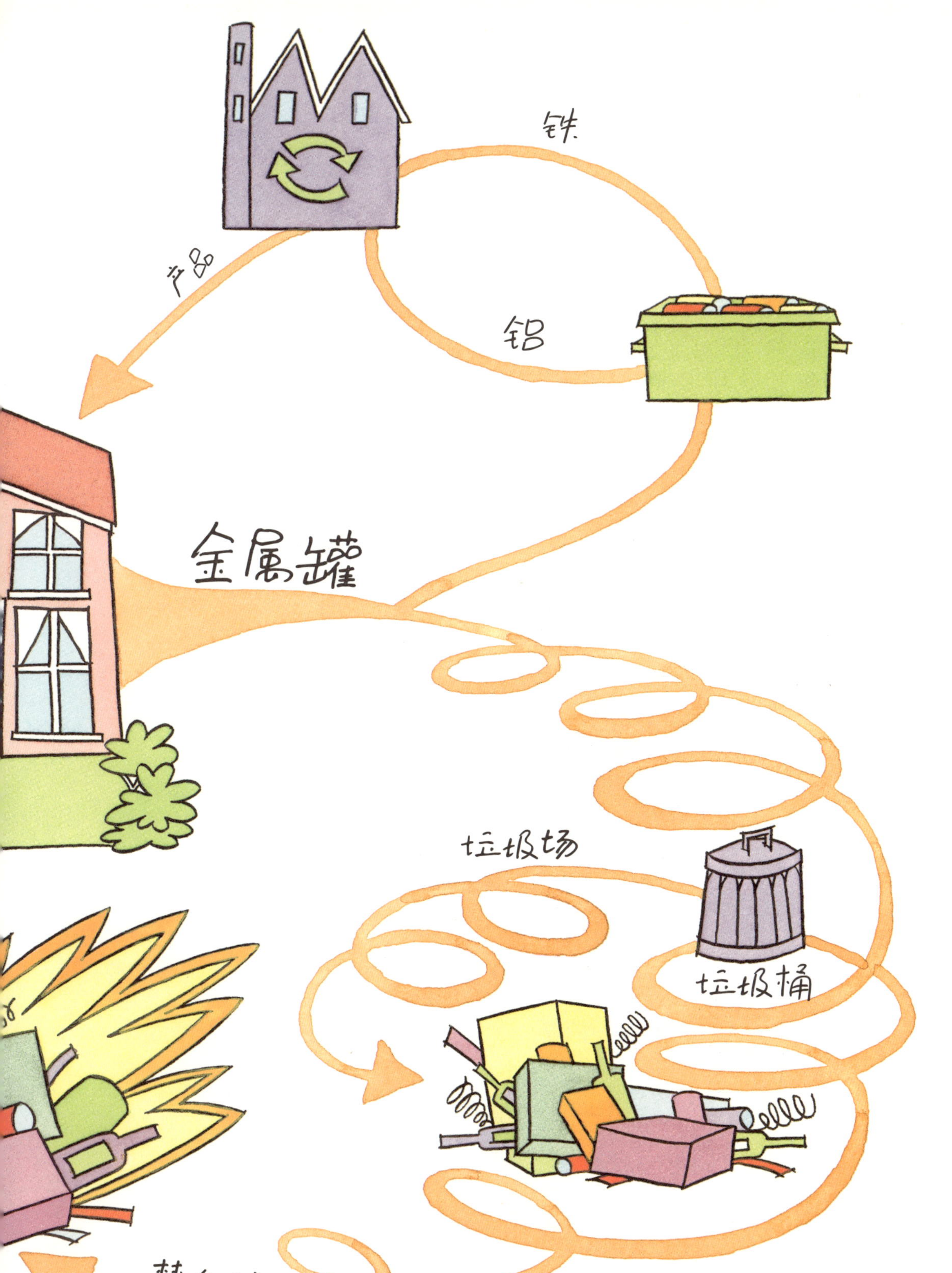
铁
产品
铝
金属罐
垃圾场
垃圾桶
焚化炉

思维导图可用于任何事情

就如同你看到的一样，思维导图可以在所有学科上帮助你——并不仅限于现在看到的这些。发挥你的创造力，让思维导图帮助你做任何你希望做的事。这正是学习思维导图的目标所在，即帮助你获得成功。

记忆拥有无限的容量，它让你记住所有事情——当然，这建立在有效使用它的基础之上。假如使用思维导图，你就真的可以做到！

“复习五次

等于长久记忆”

东尼的思维导图小贴士

记住：思维导图是用来做什么的？思维导图可以帮助你……

第五章

别让压力拖垮你

你是否曾因为复习功课而倍感压力?尝试着使用一些能让自己平静下来的技巧吧，这会让你变得既冷静又很酷!

你是否常听周围人说——“我的压力太大了”。确实，生活中我们时常会感到压力的存在。这很正常！事实上，有一点儿压力倒是一件好事，它能让我们天天督促自己起床、跑步，保持警醒状态，从而更有激情去努力奋斗！如果任何时候都无比淡定，人就不会有动力去做任何事了。可能你会躺在床上说“不用担心，等到考试来的时候我会没事的”“我不需要任何复习”——不过，想想你的父母听到这些话之后的反应吧！因此，适度的压力可以激励并促进我们不断前行！

但是，太多的压力可不是什么好事情，这会使得我们意志消沉甚至生病。因为压力而感到恐慌并感觉一切都脱离了控制，长此以往，我们就会变得裹足不前。如果你已经体验过这种感觉，那说明你需要有意识地减压了。本章节中提及了一些减压方法，它们都很简单、易行，并且颇有效果，你不妨参考一下。

不要郁积你的压力

如果，你真的感觉压力很大，以至于无法正常地生活，那么当所有的事情都向你袭来时，最好的方法就是将内心的想法向他人倾诉——你的父母、你的同学以及所有让你感到舒服自在的谈话者。

记住，你是比自己想象中更棒的头脑大师。当复习或者考试的时候，你只是把头脑中的金块挖掘出来而已。思维导图可以帮助你掘金！

自如应对压力并保持冷静，也可以帮助你在复习或者考试时获得成功。这真的是一把开启成功大门的钥匙。在放松无压力的状态下，你可以更加专注，同时，记忆力、计划能力与组织能力也变得更佳。事实上，你可以拥有考试时所需要的各种能力。

大脑“停工”就试试涂鸦吧

你发现思维导图的一些特点了吗？如果你已经绘制过思维导图，就会发现它能让你烦躁的心绪平静下来。所以，让你的彩笔动起来吧，让你的思维做起美美的“白日梦”——从一个想法到另一个想法，然后用图像进行涂鸦。这些都可以帮助你放松下来。

奥运冠军的黄金减压法

试试以下能让你平静下来的方法。奥运冠军会利用这些技巧来帮助自己准备好迎接盛大的比赛，就像是应对考试一样。

1. 让大脑休息一下

这个方法可以让你放松大脑，并且让你的内心平静下来。

★ 请你坐在课桌前，把双手轻松地放在大腿上，双脚平放于地面上。

★ 闭上双眼。

★ 请你想象一个小的池塘，这个池塘可能是你以前见过的，或者是想象的。

★ 想象你站在池塘旁边。

★ 你呼吸着空气，闻到了什么？新鲜的青草味，还是芬芳的花香？

★ 你从地上捡起一块光滑的鹅卵石，用你的皮肤感受它的光滑。

★ 请你将鹅卵石轻轻地扔到水中。

★ 倾听溅起的水花声。

★ 看到池水溅起了水花。

★ 观察水面渐渐恢复平静，鹅卵石沉入水中。

★ 观察水波不断向外扩散并渐渐消失。

★ 观察小池塘又重新恢复了之前的样子。

★ 观察一只蝴蝶翩翩掠过平静的水面。

2. 做一个深呼吸

无论是处于什么压力状态下，或者当你坐下来开始复习或者准备考试的时候，这个方法都非常的有效。

- 请你坐在课桌前，把双手轻松地放在大腿上，双脚平放于地面上。
- 闭上双眼。
- 开始深吸一口气，不要发出任何声音；想着你的呼吸正在缓缓进入，除此之外什么都不要想。
- 很快地屏住呼吸。
- 然后深深地呼气，大脑中除了呼气以外，什么都不要想。
- 重复大约 10 次，每次都比原来呼吸得更深更久。
- 你现在应该感到非常平静和放松，并且已经准备好做任何事情了！

3. 开怀大笑

每天都让自己笑口常开。笑能让人感觉放松，并且对每一件事都充满正能量！

4. 打个盹没什么大不了

你是否感到难以入睡，或是因为担心考试或功课复习不完而很早就醒来？你可以试试在睡前喝杯热饮，避免晚上喝碳酸饮料、茶或者咖啡，这些饮品中含有大量让大脑兴奋的咖啡因，会让你更加难以入眠。

芳香疗法听起来好像不可思议，但是这个方法确实能帮你冷静下来。试着滴几滴薰衣草精油在枕头或是洗澡水里，可以让你立刻冷静并舒缓下来。

或者，也可以试试以下这种效果惊人的冷静运动法。许多世界顶尖运动选手在比赛前也会使用这个方法。

★ 平躺在床上，双手放松置于身体两侧。

★ 闭上双眼，大脑中逐一想着身体的每个部位。

★ 从想着你的双脚开始，然后紧绷双脚，持续一会儿再放松。

★ 想着你的小腿，然后紧绷小腿，持续一会儿后再放松。

★ 想着你的大腿，然后紧绷大腿，持续一会儿后再放松。

★ 想着你的腹部，然后紧绷腹部，持续一会儿后再放松。

★ 想着你的肩膀，然后紧绷肩膀，持续一会儿后再放松。

★ 想着你的背部，然后紧绷背部，持续一会儿后再放松。

★ 想着你的脸部，然后揉揉脸部，持续一会儿后再放松。

★ 最后，想想你的十根手指，然后捏紧手指，持续一会儿后再放松。

如果做完这些动作还是睡不着的话，试试看再做一次想象池塘的练习（第 98 页）。

如果是在白天，你想小憩半个小时，也可以做这个练习。可以一边做练习，一边听些舒缓心情的轻音乐，就算打瞌睡也没有关系。事实上，要是能打瞌睡就太棒了。一会儿醒来之后你会觉得神清气爽。

5. 你不是一个人在复习

你可能常常觉得，一个人坐在房间里复习功课很孤单。这时其他同学都在做什么呢？他们是不是也在和我做着一样的事情，还是在做着他们所谓的自己的事情？你是否觉得迷茫，自己的学生时代终将在这永无止境的考试中度过了呢？

这里有一个解决的办法。你为什么不跟朋友一起用思维导图来定期复习功课呢？只要安排固定的碰面时间、碰面地点（例如某位同学的家里）以及复习什么内容就可以了。或许你们可以每天轮流复习一门学科。

当你们选择了某个想着重讨论的题目时，可以把所有的书本收集起来，大家尽情地头脑风暴——每个人对同一事物都有着不同的看法，所以此时，你的大脑会比独自一人思考时冒出的点子更多。当然了，进行头脑风暴的最好方法就是使用思维导图。每个人都可以为复习的内容画一幅思维导图，并讨论看看彼此之间有什么不同的看法。

大家一起讨论功课，除了可以让复习更加生动，让你源源不断地产生更多新的想法，还能修正大脑里陈旧的观念。两个（或三个或四个）大脑当然要胜过一个！

或者，你可以画一幅很大的思维导图（把几张 A4 的纸拼接在一起），大家一起想一想大纲主干是什么？然后再一起集思广益，想想内容分支。你会惊讶地发现，你们竟然会有这么多不同的想法！

另外一个方法，你们也可以每个人轮流绘制思维导图——轮到你的时候，你可以添加额外的主干和分支。

通过这种方法进行头脑风暴，你能够跟同学在一起，与他们一起欢笑，一起复习功课——不必把它视为复习功课，因为这根本就是兴趣活动！

“复习五次

等于长久记忆”

东尼的减压小贴士

★ 每天笑一笑（或放声大笑）；

★ 每天做高质量的运动（这可不是指从卧室到厨房来回走几次哦）；

★ 试试简单的冥想；

★ 试试简单的可视化想象（发挥你的想象力即可）；

★ 复习功课时，可以通过在房间放舒缓的音乐来达到减压的效果。

第六章

考试来袭

各就各位！预备——跑！

复习时间已结束！

现在到展示自我的时间啦！

在考试前一天晚上，尝试着做一些复习以外的事情。去游泳吧！或者和朋友聊聊天，或者好好睡上一觉。当天早上吃一顿丰盛的早餐，保持精力充沛。如果在考试中途饿了，那你的大脑唯一惦记和思考的就只有食物了。

如果考试那天可以不用穿校服，那么就穿上你觉得最舒适的衣服。检查书包，确认是否所有文具都带齐了：钢笔、铅笔、彩笔、橡皮、卷笔刀、尺子、计算器以及其他考试工具。你不需要任何吉祥物，因为你有思维导图！如果可以带书本进考场，那就带上思维导图。同时，也带上纸巾和手表。进考场之前别忘了先去趟卫生间。

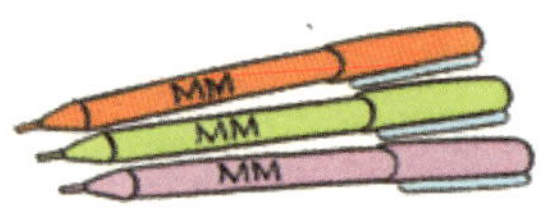

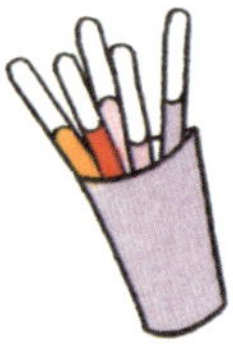

学霸的考试小贴士

考试并不仅仅只是在考试当天回忆你所记住的知识，同时也需要具备很多考试技巧。

想要了解考试技巧，很重要的部分是你需要了解当天所考的考题，而老师是你寻找答案的最佳途径。通常，老师们都有相似题型的练习题，你可以看看这些题目，熟悉一下题目的类型与形式。当你在考试中翻看试卷的时候，你就会感觉自己以前做过这些题目。尤其是在你已经做过一次完整而有效的复习之后，你会瞬间信心倍增！当你充满信心的时候，就已经在获取高分的路上了，当然，这些都是你值得拥有的。终于可以松口气啦！

如果你的好朋友在考试一开始时就奋笔疾书的话，请你不必理会。

考试技巧也与你的答题方式有关。在你惊人的大脑里，充斥着所有的事实与信息，而它们不会在你开始阅读考题时就凭空消失。所以不必急着把你知道的有关这个题目的所有内容全部写出来。你只需把题目要求回答的有关主题的某个部分写出来就行了。在你开始下笔之前，先花一点时间想一想，准备答题之前请思考以下 5 个简单的步骤：

1. 先读后写

★ 深呼吸。在你刚坐进考场的时候，先做个简短的深呼吸（像第 99 页那样）。4~5 个深呼吸会令你冷静下来并缓解紧张情绪。

★将考卷大致浏览一遍。当你翻开考卷，请先花几分钟，仔细地将整张考卷从头看一遍，确定你已经掌握考题上所有的指示。如果在答题前将所有题目全部看过一遍，当你在解答某一道题时，大脑就会在潜意识里提前思考下一题的解答方法了。

★先答简单的题目。如果可以选择的话，请你先回答最简单的题目。

★合理分配时间。算出你在每个题目上所花的时间，并且按照这个时间来答题。如果能够合理分配时间，考试就成功了一半。

★收获成功。考试时，将更多的时间和精力花在高分题目上，而不是低分题目。这就是能让你领先于其他人的得分点。

你的孩子为什么在飞机上学习？

因为他想接受高等教育。

“复习五次
等于长久记忆”

绘制思维导图能帮助你冷静下来，掌握主动权。

2. 用思维导图来搞定它

★ 先计划再动笔。花 1~2 分钟的时间迅速地用思维导图画出每个问题的答案，这样你就能迅速记住相关的知识点，并且在写下答案之前就成竹在胸了。

★ 最大化你的信息。记住，把主题放在思维导图的中央，其他论据放在大纲主干上，所有次重要的论据都在最小的分支上。用你在复习时常用的颜色让大脑回忆起现在你需要的相关信息，小插图只要简笔画就可以了。

★ 绝佳的论述。答案如果是论述形式，注意要有一个导言、正文及结尾的完整结构。

★ 附上思维导图，让老师印象深刻。将思维导图和考卷一起提交给老师，不要忘记写上自己的名字，这些导图可能会是加分项哦！

3. 正确的书写

★ 答题前先打草稿。把思维导图当作是你答题前的草稿。如果你能够先绘制出一幅思维导图，那么最后解答时写出来的答案就会全面且工整得多。

★ 力求工整。工工整整地写下答案，然后检查标点、字词、句式的用法是否规范正确。

记住，擅用这些技巧来获取最好的成绩。

如果大脑一时停止运转，想想你在家里常听的音乐——这会帮助你想起需要的信息。

4. 阅读检查

★检查修正。通读你的答案，如果发现有错，整齐地将它划掉，然后写上正确答案。

★名字是得分的首要条件。记得你递交上去的所有资料都要写上自己的名字。

5. 休息调整

★休息是为了走更长远的路。当你回答完一个问题时，深呼吸，立即阅读下一个问题。然后，请闭上眼睛 1~2 分钟，深呼吸几次。当大脑处于放松的状态时，就会潜意识地思考起这个问题的答案。所以，当你再继续答题时，就会发现思绪源源不断地涌出来。

忽视那些在考场上奋笔疾书、答案写得又多又长的人。记住，最后至关重要的是质量，而非数量。也就是说，因为你运用了思维导图，可能那个拥有最佳答案的人是你，既有质量又有数量。

什么只跑不走？

水。

形状
三棱柱
棱柱
锥体
底面
正方形
圆柱体
圆锥体
正四面体
球体
立方体
长方体

第七章

终于松口气啦

好样的，你终于做到了！我们希望是思维导图帮助你迈向成功之路的！

为什么不办场派对来庆祝一下？那么，派对都需要些什么呢？画幅思维导图来看看！

“热带派对”思维导图

带对
邀请人?
朋友
阿比
乔尔
乔斯
佐薇
萨姆
主题
热带
花环
草裙
布裙
夏威夷衬衫
游戏
跳舞
凌波舞
化装舞会
比赛
掷球击椰子游戏